Mathias Gnida

30 Minuten

Produktmanagement

© 2016 SAT.1 www.sat1.de Lizenz durch ProSiebenSat.1
Licensing GmbH, www.prosiebensat1licensing.com

Bibliografische Information der Deutschen Nationalbibliothek

Die Deutsche Nationalbibliothek verzeichnet diese Publikation
in der Deutschen Nationalbibliografie; detaillierte bibliografi
sche Daten sind im Internet über http://dnb.d-nb.de abrufbar.

-

Umschlaggestaltung: die imprimatur, Hainburg
Umschlagkonzept: Martin Zech Design, Bremen
Lektorat: Dr. Sandra Krebs, GABAL Verlag GmbH
Satz: Zerosoft, Timisoara (Rumänien)
Druck und Verarbeitung: Salzland Druck, Staßfurt

© 2011 GABAL Verlag GmbH, Offenbach
3. Auflage 2016

Hinweis:
Das Buch ist sorgfältig erarbeitet worden. Dennoch erfolgen alle
Angaben ohne Gewähr. Weder Autor noch Verlag können für
eventuelle Nachteile oder Schäden, die aus den im Buch gemach-
ten Hinweisen resultieren, eine Haftung übernehmen.

Printed in Germany

ISBN 978-3-86936-377-6

In 30 Minuten wissen Sie mehr!

Dieses Buch ist so konzipiert, dass Sie in kurzer Zeit prägnante und fundierte Informationen aufnehmen können. Mithilfe eines Leitsystems werden Sie durch das Buch geführt. Es erlaubt Ihnen, innerhalb Ihres persönlichen Zeitkontingents (von 10 bis 30 Minuten) das Wesentliche zu erfassen.

Kurze Lesezeit

In 30 Minuten können Sie das ganze Buch lesen. Wenn Sie weniger Zeit haben, lesen Sie gezielt nur die Stellen, die für Sie wichtige Informationen beinhalten.

- Alle wichtigen Informationen sind blau gedruckt.

- Schlüsselfragen mit Seitenverweisen zu Beginn eines jeden Kapitels erlauben eine schnelle Orientierung: Sie blättern direkt auf die Seite, die Ihre Wissenslücke schließt.

- *Zahlreiche Zusammenfassungen innerhalb der Kapitel erlauben das schnelle Querlesen.*

- Ein Fast Reader am Ende des Buches fasst alle wichtigen Aspekte zusammen.

- Ein Register erleichtert das Nachschlagen.

Inhalt

Vorwort

Einige Jahre sind nun schon ins Land gegangen, seit ich meine erste Stelle als Produktmanager angenommen habe, und eins kann ich Ihnen sagen: Ich habe so ziemlich alles falsch gemacht, was es damals falsch zu machen gab!

Ein paar Jahre und viele Produkte später hatte ich natürlich bedeutend mehr Erfahrung. In der Erinnerung an meine Anfangszeit mit zahllosen begangenen Fehlern und eindeutig zu viel bezahltem Lehrgeld stellte ich mir kürzlich die Frage nach einem roten Faden, einer Leitlinie und Hilfe, um strukturiert eine Produktplatzierung vorzunehmen sowie geordnetes und sinnvolles Produktmanagement betreiben zu können. Und ich machte mich auf die Suche. Was soll ich Ihnen sagen? Ich wurde nicht fündig!

Sicherlich gibt es Fachbücher, die sich in aller Ausführlichkeit mit dem Thema „Produktmanagement" befassen, doch sind dies eher wahre Kompendien, die sich meist an Studierende der Betriebswirtschaft oder des Marketings wenden. Ein gutes Handbuch, übersichtlich, einfach zu lesen und umzusetzen, war jedoch nicht aufzutreiben. Also machte ich mich ans Werk, einen solchen roten Faden, im Sinne guten Produktmanagements, zu spinnen.

Ich will mit diesem Buch einfach, praktisch anwendbar und verständlich die Zusammenhänge im Produktmanagement darstellen, um damit Ihnen, meinen geschätzten Lesern, auf der Suche nach Antworten rund um eine bevorstehende Produktplatzierung eine praktische Hilfestellung geben zu können.

Dieses Buch ist wie ein Arbeitsbuch aufgebaut, sodass es Sie zu einer erfolgreichen Produktplatzierung lenkt und Sie nebenbei mit innovativen Ideen und hilfreichen Checklisten versorgt, die alles Beachtenswerte auflisten.

Ich wünsche Ihnen viel Spaß beim Lesen und den Mut, die beschriebenen Anregungen bei Ihrer bevorstehenden Produktplatzierung praktisch umzusetzen.

Herzlichst

Ihr
Mathias Gnida

PS: Dieses Buch widme ich meinem guten Freund Niels: „Auf die Qualität, mein Freund!"

30 MINUTEN

1. Einführung in das Produktmanagement

Die besten Ideen kommen mir, wenn ich mir vorstelle, ich bin mein eigener Kunde.

Charles Lazarus, Gründer von Toys"R"Us

In unserer heutigen Zeit, die von Konsum und Wettbewerb geprägt ist, können kleinste Vorteile gegenüber bestehender Konkurrenz, unabhängig ob aus Sicht eines Großkonzerns oder eines Selbstständigen, bereits zum Unternehmenserfolg führen.

Produkte jedweder Art stehen im Mittelpunkt des Interesses und bedürfen gezielter Aufmerksamkeit durch Sie als Unternehmer. Es ist folglich hilfreich, sich einmal mit den Hintergründen des Produktmanagements zu befassen, um durch diesen Wissensvorteil im stetig wachsenden Wettbewerb erfolgreich zu sein.

1.1 Was ist Produktmanagement?

Produktmanagement ist, einfach formuliert, die Übernahme sämtlicher Aufgaben, die für die Betreuung eines Produkts oder einer Produktgruppe notwendig sind, und stellt damit einen Teilbereich des Marketings dar.

Als Produkt bezeichnet man, stark vereinfacht, eine beliebige Leistung eines Anbieters, die ein subjektiv dazu passendes Bedürfnis des Empfängers, meist im Tausch gegen Geld, befriedigt.

Es ist das erklärte Ziel eines guten Produktmanagements, die verschiedensten Kundenbedürfnisse mit den Produkten eines Unternehmens zu befriedigen. Diese Aufgaben erledigt – Sie ahnen es bereits – der Produktmanager.

Produktmanager

Der Produktmanager trägt die Verantwortung für das ihm übertragene Produkt samt der zugehörigen produktbezogenen Aufgaben während des gesamten Produktlebenszyklus und fungiert letztlich auch als eine Art „Beziehungsmanager", indem er die Aktivitäten aller involvierten Abteilungen und/oder Bereiche koordiniert.

Eines der wichtigsten Ziele des Produktmanagers ist dabei die Steigerung des Produktabsatzes sowie der zugehörigen Gewinne.

Produktlebenszyklus (Basismodell)

Kein Produkt auf dieser Welt hält ewig. Die sich ständig verändernden Umweltbedingungen und vor allem die sich daraus ableitenden veränderten Bedürfnisse und Kundenwünsche tragen maßgeblich dazu bei, dass Produkte im Allgemeinen einer begrenzten Lebensdauer unterliegen.

Der Produktlebenszyklus, dessen Beschreibung maßgeblich auf den Ökonom Raymond Vernon zurückgeht, wird in der Betriebswirtschaftslehre in vier Phasen unterteilt:

1. Die Einführungsphase

Wie es der Name schon verrät, wird während dieser Phase das Produkt am Markt eingeführt. Kennzeichnend hierfür sind zum einen der erhebliche Kaufwiderstand sowie zum anderen der relativ hohe Verlust, der durch den niedrigen Umsatz und die hohen Herstellungs- und Investitionskosten bedingt ist.

Der Produktmanager konzentriert sich während dieser Phase hauptsächlich auf verkaufsfördernde Maßnahmen, wie beispielsweise Werbung, und arbeitet mit einer geschickten, meist offensiven Preistaktik. Hopp oder topp? In der Einführungsphase zeigt sich, ob das Produkt am Markt bestehen kann.

2. Die Wachstumsphase

Wenn ein Produkt am Markt eingeführt wurde und ohne nennenswerte Unterstützung weiter wächst, dann befinden wir uns in der Wachstumsphase. Sie ist gekennzeichnet durch Umsatzbeschleunigung bei weiterhin hohen Werbungskosten, wobei nach wie vor größtes Augenmerk auf die Preispolitik gelegt wird.

Während in der Einführungsphase meist noch Monopoltendenzen und wenig Konkurrenz spürbar waren, ändert sich dies drastisch im Laufe der Wachstumsphase. Konkurrenten versuchen Ihr Produkt und die dazugehörigen Strategien zu plagiieren, um somit kostengünstig von Ihnen zu profitieren. Dies wird auch als „Free-Rider-Effekt" bezeichnet.

3. Die Reifephase

Wir befinden uns in der Reifephase des Produktlebenszyklus, wenn Umsatz und Wachstum des Produkts auf ihrem Höhepunkt stagnieren. Sie stellt die profitabelste Phase dar, weil hier die höchsten Umsätze erreicht werden und die Ausgaben jeglicher Art verhältnismäßig niedrig sind.

4. Die Degenerationsphase

Während dieser Phase gehen die Absatzzahlen eines Produkts unumkehrbar zurück und die Lebensdauer desselben nähert sich dem Ende. Zum Abschluss der Degenerationsphase wird es entweder vom Markt genommen oder es erfolgt eine Neuauflage des Produkts, ein sogenannter Relaunch.

Diese vier Phasen sind natürlich nicht als gänzlich statisch zu betrachten. Es gibt vielfältige Einflüsse auf den Produktlebenszyklus, welche abhängig vom jeweiligen Produkt zu Veränderungen des Zyklus im Allgemeinen und der vier Phasen im Besonderen führen. Wir sprechen hier von spezifischen Produktlebenszyklen. Beispiele hierfür sind Autos, die einer ständig sich verändernden Technologie angepasst werden müssen, oder Modeerscheinungen wie zu Beginn der Achtzigerjahre beispielsweise der „Zauberwürfel" von Rubik.

Nachdem Sie nun die vier Phasen kennen, bin ich sicher, dass Sie beim Lesen bereits einen „Gedankentransfer" zu Ihrer eigenen Produktidee vollzogen haben. Das war auch gut und richtig so! Doch es wird Zeit, Ihre Produktidee einmal geordnet, kurz und knackig darzustellen – und das ist oft schwerer, als Sie denken ...

Übung:
Stellen Sie sich vor, ich sei ein potenzieller Kunde Ihres Produkts oder Ihrer Dienstleistung. Versuchen Sie jetzt einmal in nur einem Satz, Ihr Produkt oder Ihre Dienstleistung auf den Punkt zu bringen! Das ist gar nicht so einfach, denn es geht darum, den Kern zu treffen, ohne lange erklären zu müssen. Je aussagekräftiger Ihr Satz, desto klarer ist Ihre Produktvorstellung.

Mein Produkt in einem Satz:
_____
_____
_____

Sie sind mit Ihrem Satz zufrieden? Fein, dann auf zum nächsten Gedanken.

Jedes Produkt befriedigt Bedürfnisse. Kennen Sie die Bedürfnisse Ihrer potenziellen Kunden? Nun, dann denken Sie gut sowie ausführlich darüber nach und schreiben Sie die acht wichtigsten zu befriedigenden Bedürfnisse Ihrer zukünftigen Kundschaft auf:

1. _____
2. _____
3. _____
4. _____
5. _____
6. _____
7. _____
8. _____

Sicherlich gibt es noch viel mehr, was Sie hätten aufschreiben können. Gut so! Ich empfehle Ihnen, auf Basis dieser Grundlage eine Liste anzulegen, die weit oben auf Ihrem Schreibtisch liegen sollte. Jedes Mal wenn Sie ein weiteres Bedürfnis finden, ergänzen Sie die Liste. Im Laufe der Zeit wird Ihnen diese Aufzählung als solide Grundlage dienen, um beispielsweise Ihre Produktgestaltung und Werbung zielgerichteter und effektiver auszurichten.

Der Produktmanager hat die Aufgabe, ein Produkt im Laufe seines Produktlebenszyklus zu betreuen. Sein Ziel besteht hauptsächlich in der Steigerung des Produktabsatzes und im Erzielen von Gewinnen.

1.2 Warum Produktmanagement?

Früher waren viele Unternehmen hauptsächlich funktional strukturiert: Es gab Bereiche wie Forschung, Verwaltung, Produktion oder Verkauf, was mit Rücksicht auf die Herstellung eines kostengünstigen Produkts sicherlich auch sinnvoll war. Man nennt das auch Primärorganisation, verbunden mit einer vertikalen oder hierarchischen Kommunikation.

Die Beschleunigung am Markt fordert neue Strukturen

Bedingt durch die Verkürzung technologischer Zyklen und damit einhergehenden Produktlebenszyklen, müssen Unternehmen heutzutage immer schneller auf sich ständig verändernde äußere Einflüsse reagieren. Zeit ist Geld, und wirtschaftlicher Erfolg ist unabdingbar mit wettbewerbsfähigen Produkten verknüpft, wobei heute allerdings weniger das Produkt selbst als vielmehr das Kundenbedürfnis im Mittelpunkt steht. Somit stellt sich die Frage: Welche Produkte eignen sich für welche Abnehmer? Unternehmer, die diese Frage nicht schnell genug beantworten, sind raus aus dem Markt! Doch was hindert Unternehmer an einer schnellen Beantwortung dieser immens wichtigen Frage? Nun, es ist genau jene oben beschriebene funktionale Betriebsstruktur. Die Informations- und Entscheidungswege innerhalb einer solchen traditionellen Primärorganisation sind einfach zu lang. Dass diese Tatsache inzwischen hinlänglich bekannt ist, brauche ich hier wohl nicht weiter auszuführen. Oder wie erklärt sich sonst die rasante Verbreitung der bei fast jedem Top-Management so beliebten Methoden wie 5S, Kaizen, Lean oder wie sie sonst heißen mögen, welche in regelmäßigen Abständen versuchen, das Rad der effizienten Arbeitsweisen neu zu erfinden?

Veränderungen durch den globalen Markt

Ein weiterer Grund für die Einführung eines Produktmanagements ist die viel zitierte Globalisierung der Märkte. Die Märkte sind heutzutage weltweit miteinander verflochten, sodass die Abhängigkeit lokaler Produkte von überregionalen Marktbedürfnissen ganz erheblich das Tagesgeschäft des eigenen Produktmanagements prägt.

Viele Unternehmen sehen sich beispielsweise zunehmend gezwungen, ein Produkt gleich weltweit einzuführen, um sich einen Wettbewerbsvorteil zu verschaffen. Indem sie so globale Markteintrittsbarrieren errichten, erschweren sie zugleich möglichen Plagiatoren mit ihren Produktimitaten den Weg auf die Märkte. Um diese komplexen Sachverhalte reaktionsschnell steuern zu können, reicht eine Primärorganisation nicht mehr aus.

Organisationsformen in Mischkonzernen

Weiterhin müssen wir in diesem Kontext auch einen Blick auf die Produktbandbreite werfen. Viele Unternehmen produzieren nicht nur ein Produkt, sondern gleich eine ganze Produktpalette. Wer soll da innerbetrieblich noch den Überblick behalten, wenn zum Beispiel die Firma Philips sowohl Rasierer als auch Bügeleisen und Flachfernseher produziert?

Betrachten wir außerdem die immer kürzer werdende Lebensdauer von Produkten sowie die gleichzeitig zunehmende Komplexität und Dynamik von Marktbedürfnissen, kommen wir endgültig nicht mehr umhin, an der Tradition einer Primärorganisation zu rütteln und sie infrage zu stellen.

Die Märkte ändern sich fast schon zu schnell, und umso wichtiger ist daher die Gewährleistung einer schnellen Reaktionsfähigkeit auf eben jene Märkte, will man als Unternehmer überleben. Dies gilt umso mehr, je höher die Diversifikation des Unternehmens und seiner Produkte ist, denn je komplexer die Verknüpfungen zwischen Märkten und Produkten sind, desto notwendiger ist eine entsprechende Fokussierung.

In der heutigen Zeit erscheint es daher mehr als sinnvoll, eine Organisationseinheit in die Unternehmensstruktur zu integrieren, die sich ausschließlich und von A bis Z mit einem Produkt beschäftigt. Durch diese Einführung eines Produktmanagements zentralisiert ein Unternehmen alle Aktivitäten und Entscheidungen rund um ein Produkt und entlastet somit die oftmals überforderte Primärorganisation. Man bezeichnet das als „Sekundärorganisation", welche in verschiedenen Varianten, beispielsweise in Stabsstellen oder Arbeitsgruppen, auftritt. Ein Produktmanagement verkürzt drastisch die sachbezogenen Antwortzeiten innerhalb eines Unternehmens und verbessert nachhaltig den Informationsfluss sowie die Koordination produktbezogener Aktivitäten.

Die Einführung eines Produktmanagements gewährleistet dem Unternehmen eine gezielte und schnelle Reaktionsfähigkeit auf die sich immer rasanter verändernden Marktbedürfnisse. Alle Aktivitäten rund um ein Produkt werden in dieser Sekundärorganisation zentralisiert. Die Primärorganisation wird dadurch entlastet und der produktbezogene Informationsfluss nachhaltig verbessert.

1.3 Aufgaben des Produktmanagers

Wir haben bereits erfahren, dass der Produktmanager im Allgemeinen die Verantwortung für alle anfallenden Aufgaben innerhalb einer solchen, auf das Produktmanagement bezogenen Sekundärorganisation trägt. Doch welche Aufgaben und Entscheidungen sind das im Detail?

Themenschwerpunkte des Produktmanagers
Fragt man fünf Produktmanager nach ihren Aufgaben, so bin ich sicher, erhält man auch fünf verschiedene

Antworten. Dies rührt vor allem daher, dass es eine Vielzahl an Produkten aus einer Vielzahl von Branchen gibt. Jedes einzelne Produkt stellt eigene Anforderungen an die Produktion und damit an das Produktmanagement respektive an den Produktmanager.

Um sich die Tätigkeitsfelder eines Produktmanagers einmal vor Augen zu führen, finden Sie nachfolgend und ohne Priorität eine Auflistung der wichtigsten innerbetrieblichen Aufgaben:

- Definition und Entwicklung des Produkts
- Produktbeschreibung (zum Beispiel Funktion, Design, Markt, Preis)
- Machbarkeits-/Wirtschaftlichkeitsanalyse
- Marketing und Public Relations
- Pre- und Aftersales
- Vertrieb
- Budget- und Absatzplanung
- Produktschulungen
- Optimierung des Produkts
- Eliminierung des Produkts

Um diese verschiedenen Aufgabenbereiche zu ordnen, lassen Sie uns eine kurze Exkursion in die Begriffsdefinition machen.

Der Regelkreis des Produktmanagements

Der Begriff „Produktmanagement" respektive „Produktmanager" setzt sich, welche Überraschung, aus den Wörtern „Produkt" und „Management" zusammen.

Was ein Produkt ist, wissen wir bereits. Aber was ist Management?

Das Wort Management leitet sich von dem lateinischen Wort „manus" für Hand ab. Man könnte sinnbildlich sagen, Management heißt so viel wie „an die Hand nehmen" oder „führen".

Der zugehörige Managementprozess befasst sich mit der Steuerung des sogenannten Kernprozesses eines Unternehmens (beispielsweise der Produktion eines Möbelstückes) und beschreibt einen sich wiederholenden Ablauf von Aufgaben. Nach einer weitverbreiteten Meinung umfasst der Managementprozess die folgenden vier wiederkehrenden Aufgabenfelder:

1. Zielsetzung
2. Planung
3. Umsetzung
4. Kontrolle

Alle oben genannten innerbetrieblichen Berührungspunkte lassen sich diesen vier Aufgabenfeldern zuordnen. Geht man nun einen Schritt weiter und versucht, diese vier Aufgabenfelder im Sinne des Produktmanagements weiter zu differenzieren, ergibt sich der für das Produktmanagement meist typische Regelkreis mit den folgenden Kernaufgaben:

1. Analysieren
2. Konzipieren
3. Umsetzen/Koordinieren
4. Optimieren

Was sich detailliert hinter diesem Regelkreis verbirgt, schauen wir uns genauer in Kapitel 2 an.

Der Produktmanager trägt in der Regel die Verant- *wortung für alle anfallenden Aufgaben im Produktmanagement. Seine immer wiederkehrenden Kernaufgaben innerhalb des Regelkreises lauten Analysieren, Konzipieren, Koordinieren und Optimieren.*

1.4 Anforderungen an den Produktmanager

Um der vielschichtigen Aufgabenstellung und Verantwortung eines Produktmanagers gerecht zu werden, lassen Sie uns an dieser Stelle noch einen kurzen Blick darauf werfen, welchen Anforderungen sich ein Produktmanager heutzutage ausgesetzt sieht.

Kompetenzen im Produktmanagement

Eines muss an dieser Stelle einmal ganz deutlich klargestellt werden: Die Anforderungen an einen Produktmanager sind immens hoch! Kommunikationskompetenz, Produktwissen, Organisationstalent und Marketingwissen sind die wichtigsten Eigenschaften eines guten Produktmanagers. Ferner muss er ein breit gefächertes Wissen aus annähernd allen Unternehmensbereichen besitzen, gepaart mit einem weitreichenden

Repertoire an Soft Skills, will er doch alle beteiligten Organisationseinheiten sinnvoll koordinieren und produktorientiert steuern.

Auf der anderen Seite bietet sich dem Produktmanager die einzigartige Möglichkeit einer spannenden, kreativen und bereichsübergreifenden Tätigkeit, die, abgesehen von den Aufgaben im Top-Management, im Unternehmen ihresgleichen sucht.

Die nun folgende beispielhafte Auflistung möglicher Kompetenzen soll Ihnen helfen, Ihre Anforderungen an einen Produktmanager zu visualisieren.

Übung: Welche Kompetenzen besitzen und/oder benötigen Sie?
Nehmen Sie sich jetzt ein paar Minuten Zeit und erstellen Sie eine Liste mit den vorhandenen sowie noch benötigten Kompetenzen und sortieren Sie abschließend Ihre Liste nach Wichtigkeit.

Kompetenz	Habe ich	Brauche ich
Produktkenntnis		
Führungserfahrung		
Visionäres Denken		
Analytisches Denken		
Unternehmerisches Denken		
Eigeninitiative		
Durchsetzungsvermögen		
Moderationsfähigkeit		
Verantwortungsbewusstsein		
Reisebereitschaft		

Kompetenz	Habe ich	Brauche ich
Marketing-Know-how		
Teamfähigkeit		
Gutes Ausdrucksvermögen		
Kreativität		
Unternehmerisches Handeln		
Fremdsprachen		
Technisches Verständnis		
Zielorientierung		
Risikobewusstsein		
Motivationsfähigkeit		
Konfliktmanagement		
Problemanalyse		
Entscheidungstechniken		
Selbstständigkeit		
Sicheres Auftreten		
Belastbarkeit		
Kundenorientierung		
EDV-Kenntnisse		
Verhandlungsgeschick		
Kontaktfreude		
Gesprächskompetenz		
Anpassungsfähigkeit		
Einfühlungsvermögen		
Stressresistenz		
Organisationsgeschick		
Zeitmanagement		

Werden Sie sich auf diesem Wege Ihrer Stärken und Schwächen hinsichtlich der Herausforderungen eines Produktmanagements bewusst und leiten Sie gegebenenfalls gezielte Maßnahmen ein, um eventuell vorhandene Schwächen nachhaltig zu verbessern.

Stolpersteine

Was, glauben Sie, ist die häufigste Ursache für das Scheitern eines Produktmanagers? Es ist nicht sein fehlendes Fachwissen, sondern vor allem ein Defizit in seiner Kommunikationskompetenz, gefolgt von einer unklaren Definition seiner Aufgaben, Ziele und Prozesse. In jedem Fall ist der regelmäßige und von beiden Seiten konstruktiv geführte Dialog zwischen Produktmanagement und Geschäftsführung angeraten, um das gemeinsame Ziel, nämlich das Produkt, nicht aus den Augen zu verlieren.

Sollten Sie also darüber nachdenken, in Ihrem Unternehmen einen Produktmanager zu beschäftigen oder sogar selbst diese Aufgabe zu übernehmen, dann sollten Sie möglichst viele der in der oben stehenden Übung aufgelisteten Kompetenzen voraussetzen beziehungsweise aufweisen und einen stetigen und nachhaltigen Dialog mit der Geschäftsführung etablieren.

Produkte jedweder Art unterliegen immer einem Produktlebenszyklus. Um diesen gewinnmaximierend zu betreuen, ist ein etabliertes Produktmanagement unabdingbar.

Die zu bewältigenden Anforderungen an ein funktionierendes Produktmanagement sind sehr anspruchsvoll, sodass der verantwortliche Produktmanager eine Vielzahl von Kompetenzen in sich vereinen muss, um diesen Ansprüchen gerecht zu werden: Neben diversen Soft Skills benötigt ein Produktmanager vor allem Kommunikationsgeschick, Organisationstalent, Produkt- und Marketingwissen.

Ein regelmäßiger und konstruktiver Dialog zwischen Produktmanagement und Geschäftsführung trägt maßgeblich zum Erfolg eines Produktmanagements bei.

30 MINUTEN

2. Der Regelkreis des Produktmanagements

Es gibt keinen Weg zum Z, der nicht am A vorbeiführte.
Friedrich Hebbel, deutscher Schriftsteller

Im ersten Kapitel haben wir eine gemeinsame begriffliche Basis geschaffen, indem wir uns darüber klar geworden sind, was Produktmanagement bedeutet. Wir haben ferner die groben Umrisse der Tätigkeitsfelder eines Produktmanagers sowie die an ihn gestellten Anforderungen respektive Erwartungen skizziert.

Lassen Sie uns in diesem Kapitel das Tagesgeschäft eines Produktmanagers näher beleuchten, indem ich Ihnen die Inhalte des Regelkreises – Analysieren, Konzipieren, Koordinieren und Optimieren – genauer erläutere.

2.1 Analysieren

Zu Beginn einer jeden erfolgreichen Produktplatzierung steht die Sammlung von Informationen jedweder Art. Ein erfolgreicher Produktmanager betreibt produktbezogene Marktforschung und analysiert sehr exakt den Markt hinsichtlich seiner Bedürfnisse. Man könnte im Umkehrschluss sagen, dass der Erfolg eines Produkts maßgeblich von dieser Informationssammlung respektive dieser Marktforschung abhängt.

Schauen wir uns diese Analyse- oder Informationsaufgaben einmal genauer an, so kann man vier verschiedene Aufgabenfelder unterscheiden: Der Produktmanager analysiert den Markt hinsichtlich seiner Zielgruppe, der Konkurrenz, etwaiger Trends und sonstiger relevanter Informationen.

Zielgruppenanalyse

Hinter diesem Begriff verbirgt sich die einfache Frage: Wer soll mein Produkt eigentlich kaufen?

Die potenzielle Käufergruppe zu bestimmen ist eine der Schlüsselaufgaben des Produktmanagers. Die Analyse einer Zielgruppe kann aus zwei verschiedenen Perspektiven vollzogen werden:

1. Sie haben bereits ein Produkt und suchen nach einem geeigneten Markt dafür. Oder:
2. Sie haben noch kein Produkt und versuchen durch die Kenntnis von Marktbedürfnissen, diese mit einem neuen Produkt zu befriedigen.

Unabhängig von Ihrer Perspektive beeinflusst das Ergebnis nachhaltig alle weiteren Schritte im Regelkreis, von Design und Werbung bis hin zu Logistik und Preis. Wichtig ist, dass Sie zu Beginn Ihrer Analyse erst mal selbst schriftlich auflisten, wie Sie sich Ihre Zielgruppe vorstellen. Es kommt hier weniger auf die präzise Definition als vielmehr auf die ungefähre Richtung an. Wenn Sie nun eine Vorstellung davon haben, wie Ihre Zielgruppe aussieht, können Sie zur Detailanalyse übergehen.

Um sich mit seiner zukünftigen Käufergruppe vertraut zu machen, muss man wissen, wie sie tickt. Dazu analysiert der Produktmanager verschiedenste Merkmale, die seine Zielgruppe(n) klassifizieren. So trennt man im Allgemeinen soziodemografische Merkmale wie Alter, Familienstand oder Einkommen von psychografischen Merkmalen wie zum Beispiel Werte, Einstellungen und Verhalten.

Das Ergebnis Ihrer Analyse wird weniger von der Gewichtung der einzelnen Merkmale beeinflusst als vielmehr von Ihrer Fähigkeit, die gesammelten Erkenntnisse sinnvoll zu strukturieren, um daraus eine oder mehrere, in sich homogene Zielgruppen zu definieren. Ich gebe Ihnen im Folgenden eine Liste von Eigenschaften vor, die Sie bei Ihrer Zielgruppenanalyse unbedingt beachten sollten:

- Alter
- Geschlecht
- Ausbildung
- Beruf

- Beschäftigungsgrad
- Einkommen
- Wohnort
- Familienstatus
- Haushaltsgröße
- Preisverhalten
- Mediennutzung
- Zahlungsmoral
- Markentreue
- Einkaufsverhalten
- Lebensstil
- Statusbewusstsein
- Gesellschaftsorientierung
- Bekanntheitsgrad

Konkurrenzanalyse

Die Konkurrenzanalyse befasst sich, wie der Name schon verrät, mit dem Sammeln von Informationen über Konkurrenzunternehmen. Für den Erfolg Ihres Produkts ist es unabdingbar, zu wissen, wie etwaige Konkurrenzprodukte „aussehen" und welche Käufergruppen respektive Zielgruppen damit angesprochen werden.

Das Gute an der Konkurrenzanalyse ist, dass sie zwar mit Fleiß, jedoch ohne große Hindernisse bewerkstelligt werden kann. Ihnen als Produktmanager bieten sich zahlreiche Möglichkeiten, um sich ein Bild über Ihre Konkurrenz samt ihrer Produkte zu verschaffen:

1. Besorgen Sie sich Prospekte und Werbematerialien Ihrer Mitbewerber.
2. Durchforsten Sie Zeitungen und Zeitschriften nach Anzeigen und/oder (Fach-)Artikeln.
3. Absolvieren Sie Testkäufe. Letztere haben den großen Vorteil, dass Sie das Produkt direkt vor sich haben und es mit Ihrem eigenen vergleichen können.
4. Informieren Sie sich in Foren oder Blogs über die Meinungen anderer zu Ihrer Konkurrenz.

Letztendlich ist es wichtig, dass Sie alle Informationen sinnvoll zusammengetragen und strukturiert haben. Doch was wollen wir mit den gesammelten Informationen bezwecken?

Nun, zunächst einmal liefern Ihnen alle Informationen Anhaltspunkte für einen direkten Vergleich mit Ihrem Produkt: sei es das Produktdesign, die Funktion oder Benutzerfreundlichkeit, sei es die Werbeanzeige, das beiliegende Manual oder der Preis. Viel interessanter ist jedoch das Ergebnis dieser Vergleiche. Worin liegt der Unterschied zwischen Ihnen und der Konkurrenz? Um hier konkreter zu werden, empfehle ich Ihnen, die sogenannten Alleinstellungsmerkmale, im Englischen USP (Unique Selling Proposition) genannt, Ihrer Konkurrenz herauszuarbeiten. Die USPs liefern Ihnen im Umkehrschluss auch die Antwort auf die Frage: Was hat mein Produkt, was andere nicht haben?

Übung: Erstellen Sie eine USP-Matrix
Erstellen Sie mithilfe einer solchen Matrix eine Übersicht über Ihre Konkurrenzprodukte:

	Design	Preis	Funktion	...
Produkt A				
Produkt B				
Produkt C				
...				

1. Listen Sie alle Eigenschaften Ihres Produkts in Spaltenform auf (zum Beispiel Design, Preis, Funktion etc.).
2. Beschriften Sie die zugehörigen Zeilen mit dem Namen Ihrer Konkurrenz(-produkte).
3. Führen Sie nun ein Wertungssystem ein (zum Beispiel Schulnoten) und bewerten Sie jedes Konkurrenzprodukt hinsichtlich der von Ihnen genannten Eigenschaften. Bei Bedarf gewichten Sie spezielle Eigenschaften mit einem Faktor X.

Ergebnis: Die höchsten Bewertungen stehen folglich für die herausragendsten Eigenschaften respektive USPs Ihrer Konkurrenz. Durch die Ermittlung von Durchschnittswerten können Sie anschließend zum Beispiel auch ein Konkurrenzranking erheben.

Die Kenntnis der USPs Ihrer Konkurrenz versetzt Sie in die komfortable Lage, schnell herauszuarbeiten, an welcher Stelle es bei Ihrem Produkt gegenüber der Konkurrenz noch hakt! Sie sind durch eine solche Analyse ferner in der Lage, ein eigenes Benchmarksystem aufzubauen, indem Sie durch eine entsprechende Mindestbenotung Ihrer zuvor festgelegten Eigenschaften Ihrem Produkt ein internes Gütesiegel verleihen.

Am einfachsten und schnellsten gelingt dies, wenn Sie sich den Wert der jeweils besten Eigenschaft Ihrer Konkurrenz als Benchmark für Ihr eigenes Produkt setzen, nach dem Motto: Von allen nur das Beste! Kein Anbieter kann es sich heutzutage noch leisten, qualitativ hinter den Ansprüchen und Normen der Konkurrenz zurückzubleiben. Doch Sie stellen sich jetzt wahrscheinlich zu Recht die Frage: „Was ist, wenn ich keine Konkurrenz habe, sondern mein Produkt das erste auf dem Markt ist?"

Auch hier ist eine Konkurrenzanalyse sehr wichtig, denn Sie müssen sich darüber im Klaren sein, welche Unternehmen in der Lage wären, Ihr Produkt zu kopieren, wie sie dies schaffen könnten und welchen Preis die Konkurrenz dann verlangen könnte, da in der Regel die Kosten für eine Nachahmung nur noch rund zwei Drittel Ihrer Kosten betragen würden.

Abschließend lässt sich aus allen Informationen und Ergebnissen noch ableiten, welche Preisstrategie Sie mit Ihrem Produkt verfolgen sollten. Man unterscheidet hier zwischen der Skimming- und der Penetrationsstrategie.

Bei der Skimmingstrategie wird der Preis besonders hoch angesetzt, da Ihr Produkt für eine bestimmte Zielgruppe von hohem Interesse ist. Im Laufe des Produktlebenszyklus wird der Preis sukzessiv gesenkt, um überhaupt noch Absatz zu generieren. Diese Strategie wird meist bei neuen, innovativen Produkten eingesetzt.

Die Penetrationsstrategie setzt auf das Gegenteil: Hier wird ein möglichst geringer Preis für das Produkt gewählt, um schnell und nachhaltig die sogenannte Markteintrittsbarriere zu überspringen. Man will das Produkt flächendeckend auf den Markt bringen, um potenzielle Käufer mit niedrigen Preisen anzulocken und zum Kauf zu animieren sowie etwaige Konkurrenten durch den niedrigen Preis abzuschrecken. Wenn man eine gewisse Marktbreite erreicht, kann man den Preis gegebenenfalls erhöhen.

Trendanalyse

Jenseits von Zielgruppen- und Konkurrenzanalyse gibt es noch zahlreiche weitere Faktoren, deren Informationsgehalt für Sie als Produktmanager von hohem Interesse ist. Ein strategisch äußerst wichtiger Faktor ist dabei die Trendanalyse.

Für jeden Produktanbieter ist es wichtig, zukünftige Chancen und Potenziale zu erkennen und vor allem richtig einzuschätzen, damit Innovationen und Geschäftsideen rechtzeitig umgesetzt werden können. In erster Linie bedeutet das, den zukünftigen Absatzmarkt möglichst genau vorherzusagen.

Sie müssen sich daher gedanklich in die Zukunft versetzen und Antworten auf die Fragen finden: „Wer kauft mein Produkt in X Jahren?", oder alternativ: „Was für ein Produkt wird in X Jahren nachgefragt werden?"

Es gibt zahlreiche Faktoren, die Sie dabei berücksichtigen müssen, beispielsweise:

1. die demografische Entwicklung (zum Beispiel zunehmend ältere Käufer: „Bin ich darauf vorbereitet?"),
2. den Innovationsgrad (zum Beispiel: „Bin ich in der Lage, auf dem neuesten Stand der Technik zu bleiben?"),
3. das Konsumverhalten (zum Beispiel: „Wie verändern sich die Konsumgewohnheiten?").

Machen Sie die Trendanalyse zu einem Standbein Ihrer Unternehmensphilosophie. Versuchen Sie dabei regelmäßig und frühzeitig neue Trends zu entdecken und in Ihre strategischen Überlegungen einzubeziehen. Sie verhindern dadurch erstens, gegenüber Wettbewerbern schlechter positioniert zu sein, und zweitens, entscheidenden Entwicklungen hinterherlaufen zu müssen oder, schlimmer noch, sie völlig zu verpassen.

Man spricht bei dieser regelmäßigen Trendanalyse auch von „Corporate Foresight", das heißt, Sie analysieren die Zukunft Ihres Unternehmens regelmäßig und systematisch, um hinsichtlich Ihrer Unternehmensstrategie geeignete und vorausschauende Maßnahmen abzuleiten.

Sonstige Informationen

Bisher haben wir uns bei der Analyse fast ausschließlich mit externen Faktoren beschäftigt. Wir haben die verschiedensten Merkmale, die von außen auf ein Unternehmen respektive ein Produkt einwirken, betrachtet und entsprechende Maßnahmen von ihnen abgeleitet. Was ist jedoch mit der internen Seite?

Es lohnt sich immer, einen Blick auf das eigene Unternehmen und die eigenen Mitarbeiter zu werfen. Gerade im Zuge neuer Produktplatzierungen können Befragungen der eigenen Belegschaft gänzlich neue Perspektiven schaffen. Angefangen von innovativen Verbesserungsvorschlägen (deren periodische Erfassung mittlerweile ohnehin in fast jedem Unternehmen zum guten Ton gehört), welche helfen, Kosten zu sparen und Wettbewerbsvorteile zu generieren, bis hin zur Erstnutzung Ihres Produkts durch Ihre Mitarbeiter, verbunden mit der Aufforderung zu konstruktiver Kritik.

Und ich rate Ihnen gut hinzuhören, wenn es beispielsweise um das Design, die Funktion, Handhabung oder Verpackung geht, denn der überwiegenden Mehrheit der Arbeitnehmer ist das Image des Produkts, an dem sie selbst mitgearbeitet haben, enorm wichtig. Sie sind daher besonders selbstkritisch, und Untersuchungen haben ergeben, dass sie meist richtig mit ihren Einschätzungen liegen und somit fundamental zum guten Gelingen eines Produkts beitragen.

Betreiben Sie Ihre Analyseaufgaben sehr gründlich und unter allen Umständen schriftlich.
Eine fundierte Zielgruppenanalyse hilft Ihnen dabei, Ihre Käufergruppe auf dem Markt zu finden, die USP-Matrix visualisiert, wo Ihr Produkt im Ver-

hältnis zur Konkurrenz steht, und Corporate Foresight behält wichtige Trends im Auge.

2.2 Konzipieren

So, geschafft! Sie haben mit Ihrer fundierten Analyse Ihre Hausaufgaben im Produktmanagement erledigt. Die nächste Phase im Regelkreis, der wir uns nun widmen wollen, ist das Konzipieren.

Der Konzeptionsphase kommen im Regelkreis vor allem Aufgaben aus der Entwicklung zu, wie zum Beispiel die Gestaltung innovativer und neuer Produkte. Innerhalb dieser Phase werden die während der Analyse gewonnenen Erkenntnisse transferiert, indem diese in konkrete Produktkonzepte umgesetzt werden.

Ihre Aufgabe als Produktmanager ist dabei zum einen, dass Sie die bestehenden Produktideen ausdifferenzieren, und zum anderen, dass Sie aus den Ideen, wie oben erwähnt, klare Produktkonzepte entwickeln. Sie als Produktmanager übernehmen dabei die Führungsrolle und entwickeln das Produkt so weit, dass es:

1. eine klare Marktpositionierung erfährt,
2. eine oder mehrere, auf die Bedürfnisse der Zielgruppe herausgearbeitete USPs besitzt,
3. systematisch und wirtschaftlich umgesetzt werden kann (Businessplan),
4. die Unternehmensstrategie stützt und bei der Zielgruppe imagefördernd wirkt.

Der Businessplan

Der Businessplan (oder Geschäftsplan) ist ein Arbeitspapier und beinhaltet die schriftlich formulierte Zusammenfassung Ihrer Geschäfts- respektive Produktidee. Meist wird er zu Beginn einer unternehmerischen Tätigkeit, wie beispielsweise der Gründung eines Unternehmens, geschrieben, doch eignet er sich auch zur klaren Strukturierung firmeninterner Unternehmungen oder, wie in unserem Fall, zur Beschreibung einer Produktumsetzung.

Der Businessplan beschreibt detailliert Ihr künftiges Produktkonzept und definiert dabei Ihre Ziele und Strategien samt deren Voraussetzungen, zugehörigen Maßnahmen und Zeitintervallen. Er analysiert den für Ihr Produkt vorgesehenen Markt, ermittelt den zu erwartenden Kapitalbedarf sowie die zu erwartenden Gewinne und beschreibt in aller Ausführlichkeit das Chance-Risiko-Verhältnis Ihrer Unternehmung.

Welche Vorteile lohnen die Mühe, einen Businessplan zu schreiben?

- Ein Businessplan hilft Ihnen, andere von Ihrer Produktidee zu überzeugen.
- Er ist eine Voraussetzung für Kapitalbeschaffungen.
- Er gibt Struktur und bedingt eine geordnete Vorgehensweise.
- Er erhöht die Chancen auf Erfolg (würden Sie ohne Urlaubsplanung morgens zum Flughafen fahren, um mal zu sehen, wo Sie später landen?).
- Er zeigt das Chance-Risiko-Verhältnis auf.

- Er beschreibt klare Teilschritte und bietet somit die Möglichkeit für zwischenzeitliche Erfolgskontrollen.
- Er trägt dazu bei, die Übersicht zu behalten.

Übung: Businessplan

Im Folgenden möchte ich Sie dazu ermuntern, einen eigenen Businessplan zu schreiben. Folgende beispielhafte Gliederung soll Ihnen dabei als Leitfaden dienen:

1. Zusammenfassung:
   Schreiben Sie ein sogenanntes *Executive Summary*, in dem Ihr Vorhaben auf einer Seite komplett und mit allen wichtigen Punkten kurz und prägnant formuliert ist.
2. Produktidee und Kundennutzen:
   Hier beschreiben Sie ausführlich Ihr *Produkt und dessen Ausgestaltung*. Formulieren Sie technische Entwicklungen und vor allem die USPs, denken Sie an Produktschutz und Zulassungen (Patente?), beschreiben Sie Produktionsstrategien und gegebenenfalls zugehörige Fertigungskapazitäten. Beschreiben Sie hier, wie auch unter Punkt 5 „Finanzen", den spezifischen Produktlebenszyklus.
3. Markt und Wettbewerb:
   Hier beschreiben Sie die *gesammelten Erkenntnisse aus der Marktanalyse*, angefangen von Marktbedürfnissen über Zielgruppe(n) und Konkurrenz bis hin zur Trendanalyse.
4. Chancen und Risiken:
   Hier beschreiben Sie ausführlich, welche Chancen und Risiken bestehen und wie Sie auf Veränderungen reagieren wollen. Beschreiben Sie positive

wie negative Szenarios und deren Auswirkungen auf Ihr Produkt sowie das *Best-Case- und Worst-Case-Szenario*. Untermauern Sie die Folgen mit Zahlen, Daten, Fakten.

5. Finanzen:

Hier beschreiben Sie den zu erwartenden Kapitalbedarf, die voraussichtliche Absatzplanung, Umsatz- und Gewinnaussichten und den *Break-Even-Point*. Bedenken Sie mögliche öffentliche Förderungen, Investitionen und Abschreibungen, denken Sie über Eigen- oder Fremdkapital nach und machen Sie einen Liquiditätsplan. Belegen Sie grundsätzlich alle Zahlen und erstellen Sie anschauliche Grafiken.

6. Teamplanung:

In diesem Abschnitt stellen Sie die *beteiligten Hauptakteure* vor und betonen den gewinnbringenden Beitag der vorhandenen Qualifikationen für das Gelingen Ihrer Produktidee.

7. Marketing und Sales:

Dieser Abschnitt befasst sich mit *konkreten Marketing- und Vertriebsstrategien*, angefangen bei gezielten Werbemaßnahmen über Messeauftritte und Fachkongresse bis hin zu Werbebroschüren, Produktblättern und Imagefilmen. Betrachten Sie des Weiteren die Logistik sowie die Preispolitik. In Kapitel 3 werden wir noch gezielt auf diesen Punkt eingehen.

8. Sonstiges:

Sofern Sie nicht schon in den vorherigen Abschnitten darauf eingegangen sind, umfasst dieser Punkt alles, was Sie bis dato nicht zugeordnet haben, wie beispielsweise Genehmigungen, Versi-

> cherungen, Realisierungsfahrplan (was passiert wann?), Checklisten, Anhänge, Adressen und Links, Studien, Präsentationen (intern oder auch für Investoren und Banken) etc.

Sie finden des Weiteren im Internet unter dem Stichwort „Businessplan" zahlreiche weitere Hilfen und Vorlagen, die Ihnen beim Erstellen eines solchen Geschäftsplanes helfen.

In der Konzeptionsphase kommt es zum Transfer der gewonnenen Erkenntnisse aus der vorherigen Analyse in Ihr Produktkonzept. Dies geschieht am anschaulichsten durch das Schreiben eines Businessplans.

In ihm werden alle zu berücksichtigenden Faktoren über den gesamten Lebenslaufzyklus hinweg beschrieben und mit Zahlen, Daten und Fakten untermauert.

2.3 Umsetzen

Was nützt das schönste und beste Konzept, wenn es nicht in die Realität überführt wird? Sie sagen es: „Gar nichts!" Lassen Sie uns also in diesem kurzen Abschnitt einmal betrachten, was bei der Umsetzung auf Sie als Produktmanager zukommt.

Die Phase der Umsetzung ist eine der längsten Phasen innerhalb des Regelkreises. Dies ist leicht einzusehen,

denn bekanntermaßen ist die Praxis immer schwieri-
ger und aufwendiger als die Theorie. Grundsätzlich
unterscheiden wir während dieser Phase zwei verschiedene Tätigkeitsvarianten: Zum einen gehört die
konkrete Umsetzung oder Realisierung von Produkten,
zum anderen gehören koordinatorische Tätigkeiten
zum Aufgabenfeld des Produktmanagers. Doch wo liegt
der Unterschied?

Umsetzungsaufgaben

Als Umsetzungsaufgaben bezeichnet man Aufgaben
und Tätigkeiten, die direkt in der Verantwortung und
im Tun des Produktmanagers liegen. Hierunter fallen
beispielsweise die konkrete Produktgestaltung (zum
Beispiel Design oder USPs) und die Entscheidung für
eine Produktinnovation oder ein Produktimitat. Der
Produktmanager ist für die Festsetzung eines konkreten Produktpreises verantwortlich. Auch bestimmt er
direkt, wie die Marktpositionierung des Produkts aussieht oder die Produktverpackung gestaltet wird.

Koordinationsaufgaben

Hierunter fallen alle Tätigkeiten und Aufgaben, die der
Produktmanager zwar fachlich verantwortet, jedoch
nicht selbst umsetzt, da die Realisierung an anderer
Stelle erfolgt (interne Abteilungen, externe Unterneh-
men etc.). Der Produktmanager übernimmt nur die
Koordination dieser Tätigkeiten.
Beispiele hierfür sind die Ausgestaltung von Broschü-

ren, Produktblättern oder Messeauftritten in Zusammenarbeit mit einer internen Marketingabteilung oder externen Agentur, das Veröffentlichen einer Website oder einer Pressemeldung, die der Produktmanager weder programmiert noch schreibt, sowie die Produktfertigung und Logistik, wobei Sie als Produktmanager eindeutig nur koordinative Aufgaben wahrnehmen.

Umsetzungshindernisse

Die Aufgaben während der Umsetzungs- beziehungsweise Koordinationsphase haben im Allgemeinen ein sehr hohes Konfliktpotenzial. Lagen Analyse und Konzeption eben noch komplett in der Hand des Produktmanagers, so unterliegt die Umsetzung doch meistens beteiligten Dritten.

Das Prinzip „Viele Köche verderben den Brei" trifft immer wieder und besonders auf Großunternehmen zu, da die dort vorherrschenden Organisationsstrukturen sowie die damit verbundenen Hierarchien die Fachverantwortung von der Entscheidungsverantwortung trennen.

Selbst wenn Ziele, Aufgaben oder Prozesse im Businessplan klar formuliert, logisch und nachvollziehbar sind, kann durch die Beteiligung Dritter das Produkt in dieser Phase scheitern.

Sehr oft wird das Produktmanagement nur ungenügend von der Geschäftsleitung unterstützt und getragen. Es fehlen an vielen Schnittstellen das Vertrauen und die entsprechenden Entscheidungsbefugnisse, was im Umkehrschluss zu immensen Verzögerungen und Kosten führt.

So mancher Chef hat schon bedingt durch mangelnde Kompetenz und Selbstüberschätzung ein gutes Produkt zum Scheitern gebracht und einen guten Produktmanager direkt in die Hände der Konkurrenz getrieben.

Seien Sie in Ihrem Tun transparent! Kommunizieren Sie fortlaufend Ihre Absichten, informieren Sie regelmäßig alle involvierten Schnittstellen und halten Sie alle abgestimmten Maßnahmen und Entscheidungen schriftlich fest. Nur so können Sie in etwaigem rauem Fahrwasser Ihren Kurs halten.

Die Umsetzungsphase ist die schwierigste Phase des Regelkreises, da es von der Theorie zur Praxis an vielen Stellen zu deutlichen Reibungsverlusten kommen kann.

Je transparenter Ihr Vorgehen bei der Realisierung oder Koordination, desto effektiver wird diese Phase vollzogen.

2.4 Optimieren

Man muss kein Prophet sein, um vorhersagen zu können, dass theoretisch sehr gut durchdachte Konzepte nach deren Umsetzung nicht immer exakt die Ergebnisse geliefert haben, die man eigentlich erwartet und geplant hatte.

Es gibt eine Vielzahl äußerer Einflüsse, die als mehr oder minder stark gewichtete Störgrößen einen optimalen Output beeinträchtigen. Ziel der Optimierungsphase ist das Erkennen solcher Störgrößen und Schwachstellen sowie im weiteren Verlauf die Minimierung, im besten Fall Eliminierung derselben.

Ein guter Produktmanager ist fortwährend bestrebt, das Optimum aus jeder Phase des Lebenszyklus herauszuholen. Hierzu betrachtet er im Sinne des Optimierungsprozesses detailliert den gesamten Lebenszyklus eines Produkts, was auch als „Product-Lifecycle-Management" bezeichnet wird.

Einwirkende Störgrößen und/oder veränderte Rahmenbedingungen werden sofort erfasst und analysiert. Die daraus abgeleiteten Optimierungsmaßnahmen sind so in der Regel relativ klein, sodass schon kleinste Kurskorrekturen ausreichen, um weiterhin ein Maximum an Erfolg zu erzielen.

Human Factor

Ebenso wie die Reaktionen der Natur oder der Umwelt im Allgemeinen kaum in Ihrer Gesamtheit zu erfassen sind, kann man auch den menschlichen Faktor nicht komplett beherrschen. Bei aller Planung und Theorie, welche zu Beginn einer jeden Produktplatzierung nötig sind, wird dieser Human Factor allzu oft vernachlässigt, obwohl er als vorhandene Störgröße Einfluss auf das Gesamtkonzept Ihres Produkts nehmen wird!

Der Mensch macht Fehler – das ist eine Tatsache. Sie sollten aus diesen Fehlern lernen, indem Ihnen die Analyse, wie es zu dem Fehler kam, zeigt, wie Sie diesen Fehler zukünftig vermeiden können.

Menschliche Verhaltensweisen sind komplex und vielschichtig, doch der richtige Umgang beziehungsweise das richtige Verständnis, beispielsweise mit Stress, Druck oder Gesundheit umzugehen, kann helfen, Fehler zu vermeiden.

Die folgenden Tipps sollen Ihnen dabei helfen, in schwierigen Situationen das Richtige zu tun:

- Denken Sie besonders in abnormalen Situationen einmal mehr nach und handeln Sie keinesfalls überstürzt.
- Konsultieren Sie andere Meinungen.
- Vergewissern Sie sich konkreter Sachverhalte lieber zweimal, bevor Sie wichtige Entscheidungen treffen.
- Die Ablehnung einer Entscheidung zu einem bestimmten Zeitpunkt zeugt von Vernunft und Kompetenz.
- Benutzen Sie, wo immer es geht, vorhandene Hilfsmittel und führen Sie Kontrollmechanismen ein.
- Begründen Sie alle Ihre Entscheidungen und überdenken Sie auch mögliche Alternativen.
- Achten Sie auf eine Befriedigung Ihrer Grundbedürfnisse, bevor Sie Entscheidungen treffen (ausreichend Schlaf, kein Hunger/Durst etc.).

Der Regelkreis des Produktmanagements umfasst die Analyse, Konzeption, Umsetzung und Optimierung eines Produkts während seines gesamten Lebenszyklus.

Wichtige Voraussetzung für eine fundierte und geordnete Produktplatzierung bildet ein solide recherchierter Businessplan.

Der Einfluss beteiligter Dritter und der Human Factor sind bei der Umsetzung zu beachtende Störgrößen.

Transparentes Handeln und gesunder Menschenverstand helfen dabei, Fehler in allen Phasen des Regelkreises zu vermeiden.

30

30 MINUTEN

3. Der Marketing-Mix (4 Ps)

Wer die Werbung einstellt, um Geld zu sparen, handelt wie jemand, der die Uhr anhält, um Zeit zu sparen.

Verfasser unbekannt

Nach dem letzten Weltkrieg waren Wirtschaftsgüter rar. Viele Menschen hatten faktisch alles verloren, was sie besaßen, und es bestand eine große Nachfrage nach jeglicher Art von Produkten. Sie als Anbieter wären damals in der komfortablen Lage gewesen, nahezu jedes Produkt verkaufen zu können, da die Konkurrenz gering war und die Bedürfnisse der Käufer groß.

Doch wie komme ich an die Käufer heran? Was wollen und erwarten sie? Wie bestehe ich im Wettbewerb? Was hebt mich und mein Produkt von anderen ab? Dies alles sind beispielhafte Fragen, die heutzutage mithilfe des Marketing-Mix respektive den „4 Ps" beantwortet werden. Diese sind:

- Product (Produktpolitik)
- Price (Preispolitik)
- Place (Distributionspolitik)
- Promotion (Kommunikationspolitik)

3.1 Die Produktpolitik

Für Sie als Produktmanager steht das Produkt im Mittelpunkt des Geschehens. Es ist also zwingend notwendig, sich an erster Stelle mit der Produktpolitik auseinanderzusetzen. Diese befasst sich mit der Ausgestaltung des Produkts. Dazu gehören im Wesentlichen:

- Produktart
- Produktname
- Produktdesign
- Produkteigenschaften
- zugehöriger Produktservice
- Produktvariationen (Sortiment)
- Produktverpackung
- Produktpositionierung

Denn erst wenn man weiß, was man hat, kann man platzieren, werben und verkaufen. Die Produktpolitik ist folglich gemeinhin das wichtigste „P" im Marketing-Mix.

Vorreiter oder Nachahmer?

Eine der ersten Entscheidungen, die Sie als Produktmanager treffen müssen, betrifft die Art oder den Charakter eines Produkts. Wollen Sie Vorreiter oder Nachahmer sein?

Der Pionier hat den Vorteil, dass er den sogenannten „First-Mover-Advantage" genießt. Er kann in aller Ruhe ein positives Produktimage aufbauen sowie Markteintrittsbarrieren schaffen. In der Regel wird er höhere

Preise für sein Produkt erzielen und die knappen Marktressourcen besser für sich nutzen können. Dem gegenüber stehen jedoch deutlich höhere Produktentwicklungskosten sowie Unsicherheiten ob des zu erwartenden Absatzes.

Der Nachahmer indes imitiert lediglich eine gute Idee. Er hat zwar einen deutlich geringeren finanziellen Aufwand zu tragen, sieht sich jedoch den geschaffenen Markteintrittsbarrieren sowie einer bestehenden Konkurrenz gegenüber.

Beide Rollen bieten verschiedene Vor- und Nachteile. Es obliegt dem Produktmanager, zu entscheiden, welche Rolle er in seinem künftigen Markt spielen will. Doch welche Märkte gibt es eigentlich?

Der Verkäufermarkt

In der Zeit nach dem letzten Weltkrieg *wollten* die Menschen Produkte erwerben, ja sie mussten es sogar. In diesem sogenannten Verkäufermarkt war die Nachfrage zu jeder Zeit größer als das vorhandene Angebot. Produktionsengpässe waren an der Tagesordnung und Käufer mussten aktiver sein als Verkäufer. Marketing spielte im Verkäufermarkt nur eine untergeordnete Rolle. Wozu auch? War der Verkäufermarkt doch geprägt von einem stabilen Wirtschaftswachstum und die verfügbaren Produkte verkauften sich nahezu unabhängig von Qualität und Preis wie warme Semmeln. Doch die Zeiten änderten sich. Im Laufe der Jahre vergrößerte sich die Zahl angebotener Produkte stetig. Ob es innovative neue Produkte oder einfach nur Imitationen und Plagiate waren, alles zusammengenommen führte zu einem Markt des Überflusses. Die Käufer hatten die Wahl und konnten bei jedem Produkt unter verschiedenen Anbietern auswählen.

Der Käufermarkt

In einem solchen Käufermarkt herrscht ein ausgeprägter Verdrängungswettbewerb, gekennzeichnet zusätzlich durch nachlassendes Marktwachstum. Die Konkurrenz ist groß und plötzlich stellt sich nicht mehr die Frage nach der Verfügbarkeit von Produkten, sondern vorrangig nach deren Preis. Da das Angebot größer als die Nachfrage geworden ist, müssen Anbieter im Gegensatz zum Verkäufermarkt plötzlich aktiver agieren als Käufer. Die Stunde des modernen Marketings war gekommen.

Marketing bedeutet, dass man als Unternehmer seine gesamten Aktivitäten strategisch auf den Markt ausrichtet. Was man auch tut, der Markt und seine Bedürfnisse beeinflussen maßgeblich betriebswirtschaftliche Entscheidungen. Systematisch aufbereitete Informationen, im Sinne der Analysephase aus dem Regelkreis des Produktmanagements, bilden die Wissensquelle moderner Geschäftsstrategien.

Produktpositionierung

Es ist die Aufgabe des Produktmanagers, das Produkt so am heute vorherrschenden Käufermarkt zu positionieren, dass ein Maximum an Käufern es haben will. Die Erzeugung einer solch hohen gewünschten Nachfrage gelingt umso erfolgreicher, je mehr Alleinstellungsmerkmale Ihr Produkt besitzt (USPs) und je deutlicher es sich somit von möglicher Konkurrenz abhebt. Positionieren Sie Ihr Produkt so „weit weg" wie möglich von bestehenden Wettbewerbsprodukten. Frei nach dem Motto: Die Schönheit einer einzelnen Blume kommt auf einer Wiese viel besser zu Geltung als in einem Blumenbeet.

Weiterhin muss man festhalten, dass nur die subjektive Wahrnehmung den Erfolg eines Produkts bestimmt. Das objektiv stabilste, effektivste und sinnvollste Produkt wird nicht verkauft, wenn die subjektive Meinung hierzu eine andere ist. Werbekampagnen, beispielsweise im Fernsehen, dienen dazu, eine positive subjektive Wahrnehmung beim Zuschauer zu erzeugen.

Verpackung

Ein weitverbreiteter Irrglaube ist, dass die Verpackung lediglich dazu diene, das Produkt während seines Transports zu schützen. Die Bedeutung der Verpackung ist in Wahrheit so immens, dass rund 15 bis 20 Prozent der Gesamtkosten privater Ge- oder Verbrauchsgüter auf die Gestaltung der Verpackung entfallen. Hätten Sie das gewusst?

Zielsetzung der Verpackungsgestaltung ist:

- die Verringerung von Transport- und Lagerkosten (Beispiel: die Verpackung ist leicht und stapelbar)

- der Schutz der Umwelt vor dem Produkt (Beispiel: Chemikalien)
- der Schutz des Produkts vor Umwelteinflüssen (zum Beispiel vor Hitze, Feuchtigkeit etc.)
- die Informationsübermittlung (Beispiel: Angaben zu Inhaltsstoffen oder Gebrauchsanweisung)
- die Verkaufseinheit (zum Beispiel hinsichtlich Gewicht oder Volumen)
- die Verkaufsförderung (ansprechend, von der Konkurrenz abhebend, verkaufsfördernd)

Markenpolitik

Die Markenpolitik befasst sich mit der hinter dem Produkt stehenden Marke und versucht, diese innerhalb des bestehenden Absatzmarkts so gut wie möglich zur Geltung zu bringen.

Eine Marke verkörpert folgende wichtige Funktionen oder Eigenschaften:

- Image (ein positives Image beeinflusst maßgeblich die subjektive Wahrnehmung eines Produkts)
- Identifikation (der Kunde identifiziert sich mit seinem Produkt, beispielsweise mit einem Auto)
- Stetigkeit (eine Marke verspricht konstante, wiederkehrende Eigenschaften, bspw. Qualität oder Sicherheit)
- Vertrauen (eine Marke reduziert das Risiko, eine falsche Kaufentscheidung zu tätigen)
- Informationseffizienz (eine Marke gibt Orientierungshilfe und verkürzt den Kaufentscheidungsprozess)

Servicepolitik

Neben Design, Funktion, Image oder Verpackung eines Produkts gewinnt der produktorientierte Service immer mehr an Bedeutung. Der Kunde will heutzutage das „Rundum-sorglos-Paket". Er will nicht mehr einfach ein Produkt, er will ein Konzept, eine Lösung!

Grundsätzlich unterscheidet man Serviceleistungen vor dem Kauf von denen nach dem Kauf und unterteilt nochmals in kaufmännische und technische Serviceleistungen.

Ich will Ihnen im Folgenden verschiedene Services nennen (ohne Anspruch auf Vollständigkeit), welche Sie für sich und Ihr Produkt in Erwägung ziehen sollten:

- Technische Beratung
- Montage
- Probeexemplar
- Wartung
- Reparatur
- Entsorgung
- Verpackung
- Umtauschrecht
- Parkplätze
- Erfrischungen
- Kundenschulungen
- Bestellservice
- Finanzierungen
- Beratungen
- Hausbesuche
- Ersatzteilversorgung

- Individuelle Features
- Werbegeschenke

Es bleibt Ihnen überlassen, ob Sie die für Ihr Produkt geeigneten Services einpreisen oder extra bezahlen lassen. In jedem Fall sollten Sie großen Wert auf Begeisterungsservice legen, denn nur wenn der Kunde ob des Services überrascht und begeistert ist, bleibt er Ihnen treu.

Das Sortiment

Ein Sortiment stellt die Gesamtheit der verschiedenen Produkte im Sinne einer Diversifikation von Produkten dar. Die Diversifikation dient einzig und allein der Kundengewinnung, bedingt durch eine vollzogene Angebotserweiterung.

Ein Produktmanager hat somit nicht nur die Verantwortung für eine etwaige Produktdifferenzierung, sondern auch für eine sinnvolle Produktzusammenstellung bis hin zu einer möglichen Produkteliminierung (Beispiel: Coca-Cola nahm in Deutschland die Produktvariante „Cherry Coke" aufgrund deutlicher Absatzrückgänge aus dem Markt).

Man unterscheidet drei Produktdiversifikationen:

1. Bei einer horizontalen Diversifikation geht es um eine Erweiterung des Sortiments mit verwandten Produkten. Beispiel: Ein Hersteller von Motorrädern bietet auch Motorradkleidung an.
2. Die vertikale Diversifikation bedeutet eine Er-

gänzung um vor- beziehungsweise nachgelagerte Produkte. Beispiel: Ein Flugzeughersteller kauft eine Zulieferfirma.

3. Von einer lateralen Diversifikation spricht man bei einer Sortimentserweiterung, wenn das neue Produkt in keinem Zusammenhang mehr zum vorhandenen Produktsortiment steht. Beispiel: Mischkonzerne wie die Samsung Group haben sowohl Fernseher als auch Mobiltelefone im Sortiment.

Die Produktpolitik bildet das Herzstück des Marketings und stellt die grundlegenden Weichen für die darauffolgende Preis-, Distributions- und Kommunikationspolitik.

Eines der wichtigsten Entscheidungsfelder für den Produktmanager besteht in der Klärung einer pionier- oder imitationsgesteuerten Produktpolitik.

Der Produktpositionierung sollte innerhalb der Produktpolitik eine gesteigerte Aufmerksamkeit gewidmet sein.

30

3.2 Die Preispolitik

Die Preispolitik beinhaltet sämtliche Entscheidungen, welche für die Festlegung eines Preises nötig sind. Was ist der Käufer bereit zu bezahlen? „Wie verhält sich die Konkurrenz?" oder „Wie hoch sind die eigenen Kosten?" sind dabei die wichtigsten Fragen, die direkten Einfluss auf die Preispolitik haben.

Folgende Punkte umfasst die Preispolitik:

- Preisbestimmung
- Lieferbedingungen
- Zahlungsbedingungen
- Preisdurchsetzung

Ziele der Preispolitik

Die Ziele innerhalb der Preispolitik können aus drei verschiedenen Perspektiven betrachtet werden:

1. Unternehmen:

Aus unternehmerischer Sicht bestehen die wesentlichen Ziele in der Steigerung des Umsatzes/Absatzes sowie der dadurch bedingten Gewinnung von Marktanteilen. Die resultiert wiederum in der Erhöhung von Gewinnen.

2. Kunden:

Kundenziele dienen vor allem der subjektiven Preiswahrnehmung als „günstig" oder „wertig". Man versucht also, durch preispolitisches Handeln die Preiserwartungshaltung der Käufer im Sinne des Produktabsatzes positiv zu beeinflussen und die Kunden zu binden.

3. Handel:

Handels- oder Umschlagsziele liegen vor allem in der Verbesserung der Produktpositionierung, der Wettbewerbsfähigkeit sowie der Stabilisierung eines Preisniveaus. Dies geschieht vorrangig durch Präsenz mittels Werbung.

Kosten-Plus-Rechnung

Um einen Preis für ein Produkt festlegen zu können, unterscheidet man zwei grundsätzlich verschiedene Methoden. Die erste Methode errechnet den Preis anhand der Frage: „Was wird das Produkt kosten?" Man spricht hier von der Kosten-Plus-Rechnung, verdeutlicht am Beispiel der Deckungsbeitragsrechnung: Man addiert die variablen Kosten und Fixkosten, rechnet administrative Aufwände und den Gewinnzuschlag on top und erhält so den fairen Preis für ein Produkt.

Folgendes Schema soll die meist vierstufig verwendete Deckungsbeitragsrechnung verdeutlichen:

Deckungs-beitrag	Fixkosten	Beispiel
DB 1	Produkt	Herstellungsanlagen oder Entwicklungskosten
DB 2	Produkt-gruppe	Spezielle Werkzeuge oder Maschinen
DB 3	Bereich	Gehälter oder Miete
DB 4	Ganze Firma	Steuern oder Vorstandsgehälter

Die Rechnung sieht dabei wie folgt aus:

Umsatzerlöse (Bsp.: € 20.000,-)	Ihr Umsatz:_____ €
- variable Kosten (Bsp.: Gewinnaufschlag)	- _____ €
= DB 1	= _____ €
- Fixkosten Produkt	- _____ €
= DB 2	= _____ €
- Fixkosten Produktgruppe	- _____ €
= DB 3	= _____ €
- Fixkosten Bereiche	- _____ €
= DB 4	= _____ €
- Fixkosten Unternehmen	- _____ €
= Produktergebnis	= _____ €

Übung:
Nehmen Sie sich ein paar Minuten Zeit und rechnen Sie mithilfe der Tabelle den wahren Wert Ihres Produkts aus. Beachten Sie bei das zu betrachtende Zeitintervall (Beispiel: Kosten pro Monat, Jahr oder Stück). Sollten Sie noch keinen Umsatz erzielt haben und erst bei der fairen Preisfeststellung sein, setzen Sie den Umsatz einfach auf „null". Das dabei entstehende negative Produktergebnis gibt Ihnen exakt den Wert an, welchen Sie als Umsatz mit Ihrem Produkt (pro Monat, Jahr oder Stück) erzielen müssen, um keinen Verlust zu machen.

Target Costing

Das Prinzip des Target Costing verfolgt eine gänzlich andere Strategie. Hier steht nicht die Frage im Vordergrund, was ein Produkt kosten wird, sondern was ein Käufer bereit ist, dafür zu bezahlen. Man spricht hier von der Zielkostenrechnung.

Das folgende Schema soll Ihnen das Target Costing verdeutlichen:

Preis, den der Kunde bezahlen würde (Bsp.: € 100,-)	Ihr Marktpreis? _____ €
- Gewinnaufschlag	- _____ €
- Mehrwertsteuer (7 oder 19 %)	- _____ €
- vorhandene Marktpreisspanne	- _____ €
= Maximale Fixkosten	= _____ €

Die maximalen Fixkosten geben Ihnen also an, wie viel die Produktion Ihres Produkts maximal kosten darf. Wie Sie diese Kosten nun intern aufspalten, ist dabei Ihnen und Ihrem Unternehmen überlassen.

Ich empfehle Ihnen bei einem neuen Produkt stets das Target-Costing-Prinzip. Finden Sie während der Analysephase im Regelkreis heraus, was der Markt für Ihr Produkt bezahlen würde, und passen Sie Ihre Produktion und Ihre Unternehmensstruktur entsprechend an, um diesen Preis zu erreichen.

Preisdifferenzierung

Lassen Sie uns an dieser Stelle einen kurzen Blick auf das Prinzip der Preisdifferenzierung werfen. Preisdifferenzierung bedeutet, dass Sie ein gleiches Produkt bei gleichen Kosten zu unterschiedlichen Preisen anbieten. Warum ist das sinnvoll?

Im Markt herrschen bei fast jeder Käufergruppe in der Regel unterschiedliche Zahlungsbereitschaften. Diese optimal auszunutzen ist die Aufgabe der Preisdifferenzierung.

Ich erkläre Ihnen anhand der folgenden Tabelle die unterschiedlichen Differenzierungsarten. Sie soll Ihnen nicht nur als Beispiel, sondern auch als Ideenratgeber für Ihre Preispolitik dienen.

Art	Merkmalsbeispiele	Gründe	Beispiele
Räumliche Preisdifferenzierung	Stadt, Land, Region	Unterschiedliche Kaufkraft/ Konkurrenzsituation	Benzinpreise, Autopreise

Zeitliche Preisdifferenzierung	Vormittag, abends, Wochenende	Gleichmäßige Auslastung der Produktion, Nutzung der zeitlich abhängigen Kaufkraft	Happy Hour, Mittagstisch, Telefontarife
Persönliche Preisdifferenzierung	Selbstständige, Rentner, Studenten	Soziale Gründe oder Kundenbindung	Seniorentickets, Kinderteller, Versicherungsbeiträge
Leistungsabhängige Preisdifferenzierung	Abnahmemengen, Zahlungsarten, Versandarten	Absatzsteigerung, Senkung der Produktions-/Stückkosten bei zunehmender Beschäftigung	3 % Skonto, Mengenrabatte, Expresslieferungen
Werbliche Preisdifferenzierung	Qualitäts- oder Niedrigpreiswerbung	Markteintrittsbarrieren überwinden, Imageaufbau	„Geiz ist geil", Dauertiefstpreise, Made in Germany
Psychologische Preisdifferenzierung	Rotstiftpreise, 9er-Endungen	Subjektive Preisreferenzen erzeugen, scharfe/exakte Kalkulation vorspielen	„nur € 9,99", Preise leserlich streichen und die neuen danebenschreiben

Die Preisdifferenzierung wird auch unterschieden nach „horizontal" oder „vertikal". Horizontal bedeutet eine Preisdifferenzierung über die Zeit, vertikal eine Preisdifferenzierung in räumlich voneinander getrennten Märkten. Vergleichen Sie bitte hierzu auch die Begriffe aus Kapitel 2.1 Analysieren: Skimming- und Penetrationsstrategie.

Referenzpreise

Kennen Sie die Effekte von Preisniveaus? Käufer neigen dazu, Preise subjektiv als deutlich höher oder niedriger wahrzunehmen, wenn sie ein bestimmtes Niveau durchschreiten. Das Ihnen immer wieder begegnende Beispiel ist die 9er-Endung, beispielsweise 1,99 Euro statt 2,00 Euro. Das damit erzielte Image eines Preises sollte aber nicht außer Acht gelassen werden, denn sicherlich wird der Käufer die 9er-Endung als subjektiv preisgünstig und scharf kalkuliert interpretieren, doch auf der anderen Seite steht die 9er-Endung auch für „billig" im Sinne schlechterer Qualität.

Des Weiteren vergleicht jeder Käufer einen gegebenen Preis mit anderen ihm bekannten Referenzpreisen. Solche Vergleichspreise sollten Sie also auch bei Ihrer Preisbildung in Betracht ziehen:

- Preise der Konkurrenz
- Preisentwicklung (Vergangenheitspreise und zukünftige Preise)
- Preisspanne (Preisvergleich verschiedener Geschäfte)
- Preisvergleiche in Testreihen, Foren, Suchmaschinen etc.

Eine geeignete Preisstrategie zu entwickeln ebnet den Weg zu einer erfolgreichen Produktplatzierung.
Nach einer erfolgreichen Marktanalyse eignet sich Target Costing zur Ermittlung Ihrer maximalen Fixkosten.

Nutzen Sie die Effekte einer Preisdifferenzierung, um Ihre Käufergruppe optimal abzuschöpfen.

3.3 Die Distributionspolitik

In diesem Abschnitt widmen wir uns kurz und der Vollständigkeit halber der Distributionspolitik. Hier geht es um die Frage, wie man das richtige Produkt kundengerecht und zur richtigen Zeit an den richtigen Ort liefert. Die drei Hauptaufgaben der Distributionspolitik sind:

1. das Auswählen des allgemeinen Absatzweges (Wie kommt das Produkt vom Hersteller zum Kunden?)
2. die Organisation des Absatzes (Wer stellt den Kundenkontakt her, wer schreibt Verträge oder Angebote?)
3. die Klärung logistischer Fragen (Wie erfolgt die bedarfsgerechte Auslieferung der Produkte an den Kunden?)

Ziele der Distributionspolitik

Die Ziele innerhalb der Produktverteilungsstrategie sind schnell erklärt. Zunächst einmal will man mit seinen Produkten dort sein, wo die Käufergruppen sind. Der Weg dorthin soll möglichst kostengünstig sein und etwaige Besonderheiten berücksichtigen. Zuletzt sollte die Verteilung des Produkts selbst auch die bestehende Konkurrenzsituation berücksichtigen.

Absatzwege

Es gibt eine Vielzahl von Möglichkeiten, ein Produkt zum Kunden zu bringen. Zunächst wird grundlegend unterschieden, ob es sich um „direkten Absatz" oder „indirekten Absatz" handelt.

Direkter Absatz bedeutet, dass der Kunde sein Produkt direkt vom Hersteller bekommt, ohne den Umweg durch den Handel. Beim indirekten Absatz verkauft der Hersteller sein Produkt an den Zwischenhandel, der es wiederum an den Endkunden veräußert.

Kombiniert man beide Arten, spricht man von „Multichannel-Systemen". Diese gewinnen stetig an Bedeutung, da man durch die Kombination beider Möglichkeiten seinen Absatz maximieren und somit quasi „auf allen Kanälen" aktiv sein kann.

Die folgende beispielhafte Liste soll Ihnen einen Überblick über die verschiedenen Absatzformen geben:

- Laden- oder Fabrikverkauf
- Haus- beziehungsweise Kundenverkauf
- Telefon-, Fax- oder Internetverkauf
- Teleshopping
- Versand- beziehungsweise Katalogverkauf
- Veranstaltungsverkauf (Messe, Markt etc.)
- Verkauf durch Automaten
- Factory Outlets
- Partyverkauf (zum Beispiel „Tupperware")
- In- oder Outdoor-Eventverkauf
- Verschenken oder Tauschen

Die folgende Tabelle soll Ihnen eine Hilfe sein, sich zusätzlich über die vorhandenen Einflussgrößen zu informieren und sich somit über die Wahl Ihrer Absatzform klar zu werden.

Faktor	Einflussbeispiele
Produkt	Lagerart, Verfallsdatum, Transportfähigkeit
Umschlagplatz	Absatzmenge, Anzahl Käufer, Konkurrenz
Firma	Distributionskosten, Produktionszahlen, eigene finanzielle Situation
Sonstiges	Gesetze, Infrastruktur, Steuern

Absatzorgane

Unter dem Begriff „Absatzorgane" verstehen wir sämtliche am Absatzprozess Beteiligte, die dazu beitragen, ein Produkt zum Endkunden zu liefern.

Absatzorgane werden grob nach vier verschiedenen Bereichen unterteilt:

1. betriebsintern (zum Beispiel Sales-Abteilung, Onlinehandel)
2. betriebsgebunden (zum Beispiel Franchising)
3. betriebsfremd (zum Beispiel Einzelhandel)
4. Absatzhelfer (zum Beispiel Makler)

Logistische Fragen

Nach einem kurzen Exkurs über die unterschiedlichen Absatzwege und einer Kurzvorstellung der Absatzorgane folgt an dieser Stelle noch ein Wort zur Logistik.

Die Logistik konzipiert die verschiedenen „Produktbewegungen", setzt diese um und kontrolliert sie. Sie umfasst weiterhin die dazugehörigen Dienstleistungen und berücksichtigt die Auftragsabwicklung, die Lagerung und den Transport.

 Das richtige Produkt in richtiger Menge und Qualität zur richtigen Zeit mit dem richtigen Preis am richtigen Ort: Das sind die Aufgaben der Distributionspolitik.

3.4 Die Kommunikationspolitik

Das letzte Thema im Marketing-Mix befasst sich mit der Außendarstellung des Produkts respektive mit der Werbung. Sie hat die Aufgabe, den potenziellen Kunden vom Kauf zu überzeugen, und informiert nebenher über Preis, Qualität und Bezugsquellen.

Wie lauten die Kriterien für einen Werbeerfolg? Wir können uns das eigentlich selbst herleiten. Am Anfang stellt sich die Frage nach der Zielgruppe, also: Erreichen wir unsere ermittelte Zielgruppe überhaupt? Wir sprechen hier von der „Kontaktqualität". Wenn wir dies mit Sicherheit wissen, sollten wir Wert darauf legen, möglichst viele Menschen zu erreichen, also auf die Reichweite zu achten. Last but not least ist die Kontaktmenge interessant, also die Frage, wie oft jemand erreicht wird.

Die DAGMAR-Formel

Mit der DAGMAR-Formel hat der amerikanische Werbeforscher Russel H. Colley 1967 ein Modell geschaffen, das den Weg zu einem Werbeerfolg beschreibt und dabei vorrangig die Kommunikation als Methode einsetzt. Der Begriff DAGMAR-Formel geht auf sein Buch „**D**efining **A**dvertising **G**oals for **M**easured **A**dvertising **R**esults" aus dem Jahre 1961 zurück.

Die DAGMAR-Formel beschreibt ein sogenanntes Stufenmodell, wonach die Werbung beim potenziellen Käufer mehrere Bewusstseinsebenen durchläuft, um am Ende ein positives Gefühl für das Produkt zu hinterlassen, das ihn zum Kauf bewegen soll. Der Ablauf stellt sich wie folgt dar:

1. Kontakt (Macht die Werbebotschaft auf das Produkt aufmerksam?)
2. Aufnahme (Wird die Werbebotschaft erkannt?)
3. Verständnis (Kann man die Werbebotschaft verstehen?)
4. Speicherung (Wird die Werbebotschaft behalten?)
5. Einstellung (Erzeugt die Werbebotschaft das richtige Empfinden?)

Was steckt genau dahinter? In der ersten Phase will man auf das Produkt aufmerksam machen, einen Bekanntheitsgrad schaffen (Awareness). Hat man diese Phase abgeschlossen, muss man der Zielgruppe den Inhalt und den Nutzen des Produkts verständlich machen (Comprehension). Ist auch das erreicht, folgt die Überzeugung, dass genau dieses und kein anderes Produkt gekauft wird (Conviction). Die letzte Phase soll den Wunsch des Kaufes in die Tat umsetzen (Action).

Je nachdem, welche Phase ich gerade durchlaufen beziehungsweise beendet habe, richten sich die Ziele meiner werblichen Bemühung entweder auf Awareness, Comprehension, Conviction oder Action.

Der Werbeprozess

Um den Erfolg einer Werbemaßnahme zu maximieren, sollte hier eine gründliche Planung vorausgehen. Jeder noch so geniale Einfall wird weitestgehend ergebnislos verpuffen, wenn Sie Werbemaßnahmen unkoordiniert und wahllos umsetzen.

Der folgende Ablauf eignet sich zur Umsetzung Ihrer Werbemaßnahmen:

1. Zieldefinition
2. Strategiedefinition
3. Budgetierung und Planung
4. Realisierung
5. Zielkontrolle

1. Bei der Zieldefinition legen Sie fest, was Ihre Kampagne konkret bewirken soll, beispielsweise Absatzstei-

gerung in einem Jahr um 20 Prozent oder Erhöhung des Gewinns pro Quartal um drei Prozent.

2. Bei der Strategie definieren Sie die Maßnahmen und Medien, die Sie zur Zielerreichung benötigen. Hier legen Sie fest, wann, wie und wo diese Maßnahmen/Medien eingesetzt werden, um Ihr Ziel zu erreichen.

3. Hier steht die korrekte Budgetierung im Vordergrund. Werbung ist teuer, doch woran orientiert man sich bei der Ausgabenplanung? Als Richtgrößen haben sich drei Referenzquellen bewährt: Umsatz (Wie viel Prozent vom Umsatz investiere ich in Werbung?), Konkurrenz (Was investiert die Konkurrenz in Werbung?) und Finanzkraft (Was kann ich mir wirklich leisten?).

4. Ich empfehle Ihnen, die Realisierung in professionelle Hände zu geben. Eine PR-Agentur ist an dieser Stelle genau das Richtige für Sie.

5. Die Zielkontrolle ist immens wichtig. Misst sie doch den Erfolgsgrad und die Effizienz der von Ihnen gewählten Werbekampagne hinsichtlich Ihrer konkreten Zielsetzung. Die wiederkehrende Analysephase im Regelkreis eignet sich prima, um neue Erkenntnisse über Ihr Produkt sowie die Ergebnisse einer solchen Kampagne zu gewinnen.

Der Tausenderkontaktpreis (TKP)

Eine interessante Größe, um Werbekosten abzuschätzen, bildet der Tausenderkontaktpreis.

Er beschreibt mit seiner Formel die Kosten respektive den Preis, der bezahlt werden muss, um bei einer einmaligen Schaltung in einem Werbemedium tausend Menschen zu erreichen.

Beispiel:

Eine Anzeige in einem Wochenmagazin kostet 5.000,- Euro. Die Ausgabe erreicht 2.000.000 Leser (nicht Käufer!), die Formel lautet:

$$TKP = \frac{€\ 5.000,-}{2.000.000\ Leser} * 1000 = €\ 2,50$$

Sie bezahlen also 2,50 Euro pro 1.000 erreichte Leser.

Die Tausenderkontaktpreise lassen sich leicht im Internet recherchieren. So lag der teuerste TKP bei RTL im Januar 2009 bei 15,10 Euro für einen 15-sekündigen Werbespot während „Deutschland sucht den Superstar" (34 Prozent werberelevante Zielgruppe, 3,85 Millionen Zuschauer).

Eine Medienübersicht

In diesem kurzen Abschnitt möchte ich Ihnen eine Übersicht über die verschiedenen Kommunikationswege geben, die Sie bei der Planung Ihrer Werbekampagne berücksichtigen sollten:

- Fernsehen
- Radio
- Illustrierte
- Tageszeitungen

- Wochenzeitungen
- Stadtmagazine
- Plakate
- Events
- Promotions
- Internet, Multimedia
- Kino
- PR
- Persönlicher Verkauf
- Give-aways
- Newsletter
- Broschüren

Zusammenfassung Marketing-Mix

Ich gebe Ihnen im Folgenden noch mal eine Übersicht über die vier verschiedenen Phasen des Produktlebenszyklus allgemein und in Zusammenhang mit entsprechenden Maßnahmen des Marketing-Mix.

Sie sind gut beraten, diese Zusammenfassung zu verinnerlichen und sie bei jeder Ihrer Entscheidungen als eine Art „Prüfschema" zu benutzen.

Für den Produktlebenszyklus gilt allgemein:

Einführungsphase	geringer Umsatz, hoher Aufwand pro Kunde, kein Gewinn, kaum Konkurrenz, Produkt muss bekannt gemacht werden

Wachstumsphase	Umsatz steigt an, durchschnitt-licher Aufwand pro Kunde, zu-nehmender Gewinn, Konkurrenzzunahme, zuneh-mende Marktanteile
Reifephase	maximaler Umsatz, minimaler Aufwand pro Kunde, maxima-ler Gewinn, Konkurrenz stag-nierend, maximaler Marktanteil wird erreicht
Degenerationsphase	abnehmender Umsatz, mini-maler Aufwand pro Kunde, Gewinne rückläufig, abneh-mende Konkurrenz, Kosten senken und „Ausverkauf"

Für den Marketing-Mix gilt im Besonderen:

Einführungsphase	nur ein Produkt anbieten, Preis möglichst hoch – aber käuferorientiert, erste strategi-sche Vertriebskanäle aufbau-en, Produkt bekannt machen und Erstkäufe anregen
Wachstumsphase	Produktdifferenzierung und Zusatzleistungen, Preispolitik abhängig von Marktanteilen und Strategie, Vertriebskanäle ausbauen, flächendeckendes Produktmarketing, Kosten senken und Nachfrage erhö-hen

Reifephase	Produkte diversifizieren, möglichst stabile Preise (wie Konkurrenz oder preiswerter), maximale Vertriebskanäle, USPs im Marketing übergewichten, Kunden vom Produktwechsel überzeugen
Degenerationsphase	Produkte mit negativem Gewinn vom Markt nehmen, allgemeine Preissenkungen, unwirtschaftliche Vertriebskanäle schließen, „Erhaltungswerbung", zusätzliche verkaufsfördernde Maßnahmen einstellen

Der Marketing-Mix beschreibt das Zusammenwirken der 4 Ps: Product, Price, Place und Promotion.

Jede dieser 4 Phasen hat eine besondere Bedeutung und unterliegt in der Gesamtverantwortung dem Produktmanager.

Es versteht sich von selbst, dass der Marketing-Mix ein sehr komplexes Getriebe von ineinander verzahnten Elementen darstellt.

Der Produktmanager ist daher gut beraten, im Sinne eines „Outsourcings" die eine oder andere wichtige Aufgabe in professionelle Hände zu delegieren.

30 MINUTEN

4. Nützliche Ideen und Hinweise

Eine gute Idee erkennt man daran, dass sie geklaut wird.

Rudi Carrell, Entertainer

Ich möchte Ihnen in diesem kurzem Abschlusskapitel ein paar nützliche Tipps und Tricks verraten, die Ihnen und Ihrem Produkt den Weg zum Erfolg etwas leichter machen können.

4.1 Marketingtricks

Sie haben im letzten Kapitel viel zum Thema Marketing respektive Werbung gelernt. Die Prozesse, die dahinterstehen, sind komplex und in ihrer Umsetzung alles andere als trivial.

In diesem Abschnitt möchte ich Ihnen deshalb einfache Ideen und Tools an die Hand geben, die Sie bei Ihrer Aufgabe, den Marketing-Mix umzusetzen, schnell und einfach anwenden können.

Emotionales Marketing

Um Ihr Produkt noch besser zu verkaufen, müssen Sie es mit Emotionen versehen.

Wir neigen viel zu oft dazu, produktbezogene Fakten aneinanderzureihen. Doch wie attraktiv wirkt eine solche Beschreibung beim Empfänger? Ganz einfach: unattraktiv!

Eine amerikanische Verkäuferweisheit besagt: „Facts tell, stories sell", und genau dies müssen Sie umsetzen:

1. Lösen Sie mit Ihrer Kampagne Assoziationen/ Emotionen aus.
2. Machen Sie Ihr Produkt sexy!
3. Machen Sie mit Ihrer Kampagne Lust auf mehr!

Ein Beispiel:
Auf einem Plakat der Firma Sixt zeigt ein Schiedsrichter einem Fußballspieler die rote Karte und darunter steht: „Nur mit Sixt kommt man noch schneller nach Hause."
Witzige Details machen Lust auf mehr und verankern sich in unserem Gehirn, oder glauben Sie, Sie hätten die „Milka-Kuh" in Erinnerung, wenn sie schwarz-weiß wie fast alle Kühe wäre?

Guerilla-Marketing

Das Guerilla-Marketing eignet sich wegen des überschaubaren Budgets vor allem für kleine und mittlere Unternehmen. Wie eine Guerilla-Einheit schlägt diese Marketing-Variante überraschend zu, wobei sie mit kleinen Effekten große Wirkungen erzielt.

Ein Beispiel:
Sie sitzen abends im Kino und freuen sich auf den Film. Doch vorher – wie üblich – der Werbeblock. Plötzlich fängt eine scheinbar schwangere Frau fünf Reihen vor Ihnen an zu schreien und sich zu winden. Der Typ neben ihr schreckt auf und ruft: „Oh Gott, das Baby kommt." Das Licht im Saal geht an, die Werbung wird unterbrochen und das Paar wird vor aller Augen hinausbegleitet.
Als sich alles wieder normalisiert hat, sehen Sie als nächsten Spot eine Werbung der lokalen Tageszeitung mit dem Slogan: „Extrablatt! Schwangere Frau bekommt Kind im Kino." Und darunter steht: „Keine Zeitung ist so aktuell wie wir." DAS ist Guerilla-Marketing!

Tipps für Ihre Ideenentwicklung:
- Denken Sie quer.
- Tun Sie Unerwartetes.
- Verblüffen und/oder provozieren Sie.
- Brechen Sie Regeln.
- Erzeugen Sie Lacher.
- Vermeiden Sie Alltägliches.

Sonstige Marketingtricks
Hier gebe ich Ihnen eine kurze Auflistung werbewirksamer Maßnahmen, die nahezu kostenlos sind und doch ihre Wirkung nicht verfehlen:
- Erstellen Sie eine wirklich gute Produktpräsentation und lassen Sie diese als Film auf www.youtube.de laufen.

- Erfinden Sie ein neues Wort und definieren Sie es unter Ihrem Namen bei Wikipedia.
- Nutzen Sie die verschiedensten Darstellungsmöglichkeiten kostenloser sozialer Netzwerke wie XING, Facebook oder Twitter.
- Bringen Sie Ihr Produkt und Ihr Unternehmen in den dafür geeigneten Blogs und Foren ins Gespräch.
- Verbreiten Sie eine Werbemaßnahme, beispielsweise ein Plakat oder eine Präsentation, doch einfach per Schneeballeffekt an Ihre E-Mail-Kontakte. Wenn sie wirklich witzig ist und Emotionen weckt, kann das einen lawinenartigen Effekt auslösen.
- Stiften Sie einen Preis nach dem Motto „Tu Gutes und rede darüber".

 Sowohl emotionales als auch Guerilla-Marketing eignet sich hervorragend, um sich aus der Masse hervorzuheben. Verkaufen heißt, mit dem Kunden flirten, und das geht nur über Emotion und Sympathie.
Kleine unkonventionelle Maßnahmen können zusätzlich einen großen Effekt hervorrufen.

4.2 Checklisten

Im Folgenden finden Sie noch einige ergänzende Checklisten, die Ihnen die Bearbeitung ausgewählter Themen erleichtern sollen.

Checkliste Werbemaßnahmen

Prüfen Sie anhand der folgenden Auflistung die Aussagekraft und damit die Wirkung Ihrer Werbebotschaft.

	ja	nein
Ist die Werbebotschaft auf den ersten Blick lesbar/erkennbar?	❏	❏
Fällt die Werbebotschaft insgesamt auf?	❏	❏
Wird die Werbebotschaft in 2 bis 3 Sekunden verstanden?	❏	❏
Findet sich Ihr Corporate Design wieder?	❏	❏
Spiegelt die Umsetzung die Vorgaben und Ziele wider?	❏	❏
Ist das richtige Werbemedium ausgewählt?	❏	❏
Ist der richtige Werbezeitpunkt ausgewählt?	❏	❏
Ist die Platzierung innerhalb des Mediums optimal?	❏	❏
Wird in der Werbebotschaft konkret zum Handeln aufgefordert?	❏	❏

Checkliste Angebote

Optimieren Sie durch die bewusste Beantwortung der folgenden Fragen Ihre Angebote.

	ja	nein
Individualisieren Sie Ihr Angebot?	❏	❏
Betreiben Sie „Keyword Selling" und benutzen Sie Schlüsselwörter Ihrer Kunden?	❏	❏
Sprechen Sie den Kunden immer direkt an?	❏	❏
Steht der Kundennutzen im Mittelpunkt?	❏	❏
Lassen Sie positive Emotionen entstehen?	❏	❏
Fordern Sie zu konkretem Handeln auf?	❏	❏
Benutzen Sie Referenzen und Garantien?	❏	❏
Beschreiben Sie den Preis als „wertig" und nachvollziehbar?	❏	❏
Sprechen Sie möglichst viele Sinne an?	❏	❏
Steuern Sie die subjektive Wahrnehmung?	❏	❏

Checkliste Verkaufswörter

Es gibt Wörter, die man unbedingt in Angeboten und zugeordneten Texten oder Gesprächen verwenden sollte, und Wörter, von denen man besser die Finger lässt.

Benutzen Sie	Vermeiden Sie
einfach	Problem
schnell	aber
bewährt	Kosten
konstant	eigentlich
garantiert	man
Empfehlung	Unterschrift
traumhaft	alt
innovativ	ich
Investition	immer
wichtig	hier
Gelegenheit	Konkurrenz
Chance	stagniert
kostenlos	
leicht	
neu	
Qualität	
Freude	
Zukunft	

Checkliste Pressearbeit

Definieren Sie als Erstes Ihr Ziel: Warum soll die Presse über Ihr Produkt berichten? Anschließend beantworten Sie die „W-Fragen": wer, was, wann, wo, wie, warum. Dann beachten Sie bitte Folgendes:

- Das Wichtigste gehört an den Anfang, das Zweitwichtigste an den Schluss.
- Achten Sie auf Übersichtlichkeit und Struktur.
- Benutzen Sie kurze, verständliche Aussagen ohne Abkürzungen und Fremd- oder Fachvokabular.
- Bei Pressemitteilungen schreiben Sie maximal eine bis zwei DIN-A4-Seiten, 1,5-zeilig
- Geben Sie immer Kontaktdaten an, auch auf mitgeliefertem Material.
- Beachten Sie Termine für einen etwaigen Vorlauf oder Redaktionsschluss.

Checkliste „Pimp my Image"

Es gibt einiges, was Sie tun können, um Ihr Image und damit Ihre Außenwirkung zu verbessern, egal ob wir von einer Website, einer Broschüre, einem Angebot oder von Ihnen selbst sprechen. Wohlselektiert und angewandt, können folgende „Highlights" die Wirkung einer „Darbietung" erheblich aufbessern.

- Referenzen
- Grafiken
- Fotos
- Diagramme

- Testergebnisse
- Auszeichnungen
- Vergleiche
- Vorteilsbekundungen
- Wirtschaftlichkeitsrechnung
- Proben
- CDs, Videos
- Plakate, Prospekte
- Give-aways
- Zusammenfassungen
- Fachartikel
- Vorträge

Diese Checklisten dienen Ihnen als Anregung und sollten als „lebendig" betrachtet werden. Wann immer Ihnen Erweiterungen zu den gegebenen Auflistungen einfallen, ergänzen Sie diese. Nutzen Sie auch Ihre eigenen Erfahrungen und Ihre eigene Kreativität zum Erstellen eigener Checklisten. Sie werden erstaunt sein, was sich im Laufe der Zeit als sinnvolle Referenz so alles zusammenfügt.

Wann immer es möglich ist, greifen Sie bei einer bevorstehenden Entscheidung auf eine Checkliste zurück. Checklisten verbessern den Erfolg, weil sie strukturiert und ohne etwas zu vergessen bestimmte Sachverhalte prüfen und darstellen.

Fast Reader

1. Einführung in das Produktmanagement

Der Produktmanager hat die Aufgabe, ein Produkt im Laufe seines Produktlebenszyklus zu betreuen. Sein Ziel besteht hauptsächlich in der Steigerung des Produktabsatzes und im Erzielen von Gewinnen.

Die Einführung eines Produktmanagements gewährleistet dem Unternehmen eine gezielte und schnelle Reaktionsfähigkeit auf die sich immer rasanter verändernden Marktbedürfnisse. Alle Aktivitäten rund um ein Produkt werden in dieser Sekundärorganisation zentralisiert. Die Primärorganisation wird dadurch entlastet und der produktbezogene Informationsfluss nachhaltig verbessert.

Der Produktmanager trägt in der Regel die Verantwortung für alle anfallenden Aufgaben im Produktmanagement. Seine immer wiederkehrenden Kernaufgaben innerhalb des Regelkreises lauten Analysieren, Konzipieren, Koordinieren und Optimieren.

 Produkte jedweder Art unterliegen immer einem Produktlebenszyklus. Um diesen gewinnmaxi-

mierend zu betreuen, ist ein etabliertes Produkt-
management unabdingbar.

Die zu bewältigenden Anforderungen an ein funk-
tionierendes Produktmanagement sind sehr an-
spruchsvoll, sodass der verantwortliche Produkt-
manager eine Vielzahl von Kompetenzen in sich
vereinen muss, um diesen Ansprüchen gerecht zu
werden: Neben diversen Soft Skills benötigt ein
Produktmanager vor allem Kommunikationsge-
schick, Organisationstalent, Produkt- und Marke-
tingwissen.

Ein regelmäßiger und konstruktiver Dialog zwi-
schen Produktmanagement und Geschäftsfüh-
rung trägt maßgeblich zum Erfolg eines Produkt-
managements bei.

2. Der Regelkreis des Produkt-managements

Betreiben Sie Ihre Analyseaufgaben sehr gründ-
lich und unter allen Umständen schriftlich.

Eine fundierte Zielgruppenanalyse hilft Ihnen da-
bei, Ihre Käufergruppe auf dem Markt zu finden,
die USP-Matrix visualisiert, wo Ihr Produkt im Ver-
hältnis zur Konkurrenz steht, und Corporate Fore-
sight behält wichtige Trends im Auge.

In der Konzeptionsphase kommt es zum Transfer
der gewonnenen Erkenntnisse aus der vorherigen

Analyse in Ihr Produktkonzept. Dies geschieht am anschaulichsten durch das Schreiben eines Businessplans.

In ihm werden alle zu berücksichtigenden Faktoren über den gesamten Lebenslaufzyklus hinweg beschrieben und mit Zahlen, Daten und Fakten untermauert.

Die Umsetzungsphase ist die schwierigste Phase des Regelkreises, da es von der Theorie zur Praxis an vielen Stellen zu deutlichen Reibungsverlusten kommen kann.

Je transparenter Ihr Vorgehen bei der Realisierung oder Koordination, desto effektiver wird diese Phase vollzogen.

Der Regelkreis des Produktmanagements umfasst die Analyse, Konzeption, Umsetzung und Optimierung eines Produkts während seines gesamten Lebenszyklus.

Wichtige Voraussetzung für eine fundierte und geordnete Produktplatzierung bildet ein solide recherchierter Businessplan.

Der Einfluss beteiligter Dritter und der Human Factor sind bei der Umsetzung zu beachtende Störgrößen.

Transparentes Handeln und gesunder Menschenverstand helfen dabei, Fehler in allen Phasen des Regelkreises zu vermeiden.

3. Der Marketing-Mix (4 Ps)

Die Produktpolitik bildet das Herzstück des Marketings und stellt die grundlegenden Weichen für die darauffolgende Preis-, Distributions- und Kommunikationspolitik.

Eines der wichtigsten Entscheidungsfelder für den Produktmanager besteht in der Klärung einer pionier- oder imitationsgesteuerten Produktpolitik.

Der Produktpositionierung sollte innerhalb der Produktpolitik eine gesteigerte Aufmerksamkeit gewidmet sein.

Eine geeignete Preisstrategie zu entwickeln ebnet den Weg zu einer erfolgreichen Produktplatzierung.

Nach einer erfolgreichen Marktanalyse eignet sich Target Costing zur Ermittlung Ihrer maximalen Fixkosten.

Nutzen Sie die Effekte einer Preisdifferenzierung, um Ihre Käufergruppe optimal abzuschöpfen.

Das richtige Produkt in richtiger Menge und Qualität zur richtigen Zeit mit dem richtigen Preis am richtigen Ort: Das sind die Aufgaben der Distributionspolitik.

Der Marketing-Mix beschreibt das Zusammenwirken der 4 Ps: Product, Price, Place und Promotion. Jede dieser 4 Phasen hat eine besondere Bedeutung und unterliegt in der Gesamtverantwortung dem Produktmanager.

30

Es versteht sich von selbst, dass der Marketing-Mix ein sehr komplexes Getriebe von ineinander verzahnten Elementen darstellt.

Der Produktmanager ist daher gut beraten, im Sinne eines „Outsourcings" die eine oder andere wichtige Aufgabe in professionelle Hände zu delegieren.

4. Nützliche Ideen und Hinweise

Sowohl emotionales als auch Guerilla-Marketing eignet sich hervorragend, um sich aus der Masse hervorzuheben. Verkaufen heißt, mit dem Kunden flirten, und das geht nur über Emotion und Sympathie.

Kleine unkonventionelle Maßnahmen können zusätzlich einen großen Effekt hervorrufen.

Wann immer es möglich ist, greifen Sie bei einer bevorstehenden Entscheidung auf eine Checkliste zurück.

Checklisten verbessern den Erfolg, weil sie strukturiert und ohne etwas zu vergessen bestimmte Sachverhalte prüfen und darstellen.

Der Autor

 Mathias Gnida absolvierte eine technische Berufsausbildung, studierte anschließend Maschinenbau und ist ausgebildeter Pilot. Im Rahmen seiner versch iedenen Tätigkeiten in einem großen Luftfahrtkonzern sowie der erfolgreichen Gründung eigener Firmen konnte er seine Expertise als Produktmanager fortlaufend unter Beweis stellen.

Er ist zudem anerkannter Flugangst- und Luftfahrtexperte und wurde vom Deutschen Rednerlexikon als Redner/Experte aufgenommen und ausgezeichnet.

Sie können Mathias Gnida bei seinen erfolgreichen Coachings oder während spannender Vorträge zum Thema Flugangst live erleben:

Flugangstseminar.com GbR
Langenhorner Chaussee 35
22335 Hamburg

Festnetz: 040 – 27 86 52 74
Mobil: 0178 – 167 85 56
mail@flugangstseminar.com
www.flugangstseminar.com

Weiterführende Literatur

- Albers, Sönke/Herrmann, Andreas: Handbuch Produktmanagement: Strategieentwicklung – Produktplanung – Organisation – Kontrolle. Wiesbaden: Gabler Verlag 2007.

- Ammon, Thomas: Produktmanagement: So optimieren Sie Produkte, Workflows und Marketing. München: C. H. Beck Verlag 2009.

- Aumayr, Klaus J.: Erfolgreiches Produktmanagement: Tool-Box für das professionelle Produktmanagement und Produktmarketing. Wiesbaden: Gabler Verlag 2006.

- Großklaus, Rainer H. G.: Praxisbuch Produktmanagement: Marktanalysen und Marketingstrategien – Positionierung und Preisfindung – Mediaplanung und Agenturauswahl. Landsberg: Verlag Moderne Industrie 2007.

- Harrison, Tony: Produkt-Management: Ein Handbuch für die Praxis. Frankfurt/M.: Campus Verlag 1991.

- Herrmann, Andreas/Huber, Frank: Produktmanagement: Grundlagen – Methoden – Beispiele. Wiesbaden: Gabler 2008.

- Hofbauer, Günter/Schweidler, Anita: Professionelles Produktmanagement. Der prozessorientierte Ansatz, Rahmenbedingungen und Strategien. Erlangen: Publicis Publishing 2006.

- Kleinaltenkamp, Michael/Plinke, Wulff: Markt- und Produktmanagement. Die Instrumente des technischen Vertriebs. Berlin und Heidelberg: Springer-Verlag 1998.

- Lennertz, Dieter: Produktmanagement: Planung, Entwicklung und Vermarktung. Wie Sie mit innovativen Produkten den Unternehmenserfolg steigern. Frankfurt/M.: Frankfurter Allgemeine Buch 2006.

- Lippmann, Herbert/Orth, Anette: Mit Produktmanagement Marktchancen nutzen: Ein Praxisratgeber für den Mittelstand. Sternenfels: Verlag Wissenschaft & Praxis 2009.

- Matys, Erwin: Praxishandbuch Produktmanagement: Grundlagen und Instrumente. Frankfurt/M.: Campus Verlag 2008.

- Pepels, Werner: Produktmanagement: Produktinnovation, Markenpolitik, Programmplanung, Prozessorganisation. München: Oldenbourg Wissenschaftlicher Verlag 2006.

- Renner, Dieter: Marktorientiertes Produktmanagement: Erfolgreiche Entwicklung und Vermarktung: Lösungsangebote für ein unternehmensübergreifendes Produktmanagement. Weinheim: Wiley-VCH 2006.

- Scherer, Hermann: Jenseits von Mittelmaß. Unternehmenserfolg im Verdrängungswettbewerb. Offenbach: GABAL Verlag 2009.

Register